工业和信息化精品系列教材

Applied Mathematics

应用数学

微课版

杨晓英 刘新 ◎ 主编

人民邮电出版社

北 京

图书在版编目（CIP）数据

应用数学 / 杨晓英，刘新主编. -- 北京：人民邮
电出版社，2024.7
工业和信息化精品系列教材
ISBN 978-7-115-63375-0

Ⅰ．①应… Ⅱ．①杨… ②刘… Ⅲ．①应用数学—高
等职业教育—教材 Ⅳ．①O29

中国国家版本馆CIP数据核字（2023）第246775号

内 容 提 要

本书涵盖 4 个模块，分别是函数及应用、函数的极限、一元函数微分学及应用、一元函数积分学及应用. 本书注重实用性，内容编排按照"问题情境—案例—分析—例题—同步练习—模块小结"的思路，既调动了学生的学习积极性，又能帮助学生拓宽视野. 书中重点内容配有微课视频，方便教师讲授，学生自学. 本书还有配套练习册，供学生练习使用，使学生能举一反三、学以致用.

本书适合作为高等职业院校高等数学课程的教材，也可作为对数学应用感兴趣的读者的参考书.

◆ 主　编　杨晓英　刘　新
　　责任编辑　王亚娜
　　责任印制　王　郁　焦志炜
◆ 人民邮电出版社出版发行　　北京市丰台区成寿寺路 11 号
　　邮编　100164　电子邮件　315@ptpress.com.cn
　　网址　https://www.ptpress.com.cn
　　三河市君旺印务有限公司印刷
◆ 开本：787×1092　1/16
　　印张：7.75　　　　　　　　　　2024 年 7 月第 1 版
　　字数：163 千字　　　　　　　　2024 年 7 月河北第 1 次印刷

定价：35.00 元
读者服务热线：(010)81055256　印装质量热线：(010)81055316
反盗版热线：(010)81055315
广告经营许可证：京东市监广登字 20170147 号

本书编委会

主　编：杨晓英　刘　新
副主编：文　阳　李盘润

前言

本书依据《国家中长期教育改革和发展规划纲要（2010—2020 年）》《教育部关于加强高职高专教育人才培养工作意见》，结合数学课程教学实践，在汲取近年来一些高等职业院校数学课程改革成功经验的基础上编写. 本书力求通俗易懂，实用性强，贯彻高等职业院校高等数学课程"以应用为目的，够用为度，精讲多练"的原则，力求在基础性、实用性和创新性三方面和谐统一.

本书具有以下四大特色.

第一，落实立德树人根本任务，以社会主义核心价值观为引领，教材中补充相关的数学文化内容. 本书通过介绍一些数学典故和数学家，让学生对数学有一个整体的了解和认识，让学生"从数学思维、数学思想和数学精神"中感受到数学科学内在的美，从而让学生在学习数学和进行数学训练的过程中，感受到数学科学的文化魅力，增强学生学习数学课程的兴趣和动力，拓宽教学参考视野，培养学生正确的世界观、人生观和价值观，提升学生的综合能力和人文素养.

第二，选择学生容易理解的角度和方式，简洁、明了地表述和讲解相关知识，针对理论性强、难度大的知识点，注重讲清概念，减少理论证明.

第三，遵循职业教育特点，对接专业和职业需求，强调理论与应用之间的相关性、衔接性与系统性，注重培养学生的科学精神. 在问题情境、例题、同步练习等方面以国计民生、行业应用为背景精心设计，突出应用性，给学生以更多体验，拓宽学生视野，促进知识的灵活运用，提升数学与专业、知识与应用的融合度.

第四，以学生为中心，基于学习需求设计内容，经过"创设情境，发现问题，形成概念，探索问题，解决问题"等环节，把概念作为解决问题中的一个环节，使概念由抽象变得具体.

本书共 4 个模块，精心选取知识点，着重强化一元微积分的内容，以问题驱动式的方法编排内容，让学生可以通过每一模块分解的知识点探寻每一模块专题情境和课后"致思空间"的开放性问题，是本书的一个创新. 然而，限于篇幅，本书难以囊括各行各业的实际问题. 本书内容兼顾普高及中职学生不同的学习基础，设计递进性三阶同步练习题，在满足基本教学需求的基础上，充分考虑了学生的可持续发展需求.

本书编写依托四川省"十四五"首批职业教育精品在线开放课程资源，提供丰富的案例、重难点讲解、例题讲解视频，学生通过扫码即可有针对性地进行预习和复习.

本书由四川信息职业技术学院的杨晓英策划和定稿. 由杨晓英、刘新任主编，文阳、李盘润任副主编，其中模块一、模块二和各模块同步练习的"致思空间"由杨晓英编写，模块三由李盘润编写、模块四由文阳编写，刘新负责全书例题、同步练习基础题、进阶题的编写和全书统稿工作. 在编写过程中编者得到了四川信息职业技术学院教务处和人文学院各位领导的大力支持、关心和帮助，在此一并表达衷心的感谢.

由于编者水平有限，书中难免有不妥之处，衷心期望得到各位专家、同行和读者的批评指正. 我们诚恳期望各界同仁及广大教师关注和支持本书的建设，及时将本书使用过程中遇到的问题和改进意见反馈给我们，以供修订时参考.

编者

2023 年 11 月

目录

模块一　函数及应用

目标导航

☑知识目标：了解函数的奇偶性、单调性、周期性和有界性．掌握函数、分段函数、基本初等函数、复合函数等基本概念．

☑能力目标：熟练掌握函数的定义域、分段函数的值域、基本初等函数的图像和性质、复合函数的复合和分解．

☑素质目标：培养学生诚实守信的素养．

问题情境

随着行业竞争日益激烈，公寓运营商都希望能扩大自己的市场份额，合理的租金定价不仅能帮助运营商吸引更多的顾客，提高品牌的知名度，而且能降低房间空置率，加快资本回收，从而达到扩大市场份额的目的．但目前长租公寓在运营中的租金设定大多基于门店管理者的主观判断，缺乏统一的标准，合理性很难得到保证．本模块我们就带着这个问题进入函数的学习之旅．

学习任务一　函数

1.1　集合

案例 1-1　在某小城有一位理发师，他在挑选顾客的时候有一个古怪的标准，就是只为城内所有"不为自己刮胡子的人"刮胡子，那么他的潜在顾客是否可以构成一个集合？

分析：答案是不可以．关键在于理发师该为自己刮胡子吗？如果他为自己刮胡子，那么按照他的标准，他不应该为自己刮胡子；但如果他不为自己刮胡子，同样按照他的标准，他又应该为自己刮胡子．也就是说，理发师的潜在顾客是不明确的，因此不可以构成一个集合．

集合用于把对象组合在一起，集合的概念对应用数学来说是最基本的，它已渗透到自然科学和社会科学的许多研究领域．

1. 定义

把一些确定的不同的对象看成一个整体，就说这个整体是由这些对象的全体构成的**集合**．

2. 元素

集合中的每个对象叫作这个集合的**元素**.

集合一般用大写字母 A、B、C……表示，元素用小写字母 a、b、c……表示.

3. 常用的数集

集合 **N** 表示自然数集，集合 **Z** 表示整数集，集合 **Q** 表示有理数集，集合 **R** 表示实数集.

4. 区间

（1）开区间

直线上介于固定的两点间的所有点的集合（不包含给定的两点），用 (a,b) 表示（不包含两个端点 a 和 b）. 如图 1-1 所示.

（2）闭区间

直线上介于固定的两点间的所有点的集合（包含给定的两点），用 $[a,b]$ 表示（包含两个端点 a 和 b）.

图 1-1

（3）半开半闭区间

直线上介于固定的两点间的所有点的集合（包含给定两点中的一个点），如 $[1,2)=\{x \mid 1\leqslant x<2\}$，$(3,4]=\{x \mid 3<x\leqslant 4\}$.

5. 集合的运算

（1）集合的交

$$A\bigcap B=\{集合 A、B 中的所有共同元素\}$$

例 1-1　①$A=\{x \mid 1<x<3\}$，$B=\{x \mid 2<x<4\}$，则 $A\bigcap B=\{x \mid 2<x<3\}$.

②$A=\{x \mid x 为整数\}$，$B=\{x \mid x>0\}$，则 $A\bigcap B=\{x \mid x 为正整数\}$.

（2）集合的并

$$A\bigcup B=\{集合 A 与 B 的所有元素\}$$

例 1-2　①$A=\{x \mid 1<x<3\}$，$B=\{x \mid 2<x<6\}$，则 $A\bigcup B=\{x \mid 1<x<6\}$.

②$A=\{x \mid x 为正整数\}$，$B=\{x \mid x>0\}$，则 $A\bigcup B=\{x \mid x>0\}$.

知识延伸

G. 康托尔创立的集合论被誉为 19 世纪末最伟大的数学创造之一，集合概念大大扩充了数学的研究领域，给数学结构提供了一个基础. 集合论不仅影响了现代数学，而且深刻影响了现代哲学和逻辑学.

同步练习 1.1

1. 基础练习

(1)$A=\{x\,|\,1<x<3\}$，$B=\{x\,|\,0<x<5\}$，求 $A\cap B$.

(2)$A=\{x\,|\,1<x<3\}$，$B=\{x\,|\,x>0\}$，求 $A\cup B$.

2. 进阶练习

请用区间表示下列集合.

(1)$\{x\,|\,3<x<6\}=$ _____ ;   (2)$\{x\,|\,0\leqslant x<5\}=$ _____ ;

(3)$\{x\,|\,x<4\}=$ _____ ;   (4)$\{x\,|\,x\geqslant 3\}=$ _____ ;

(5)$\{x\,|\,1\leqslant x\leqslant 8\}=$ _____ ;   (6)$\{x\,|\,-1<x\leqslant 9\}=$ _____ ;

(7)$\{x\,|\,x\leqslant -10\}=$ _____ ;   (8)$\{x\,|\,x>-3\}=$ _____ .

3. 致思空间

长 1cm 的线段内的点、太平洋内的点、地球内部的点，三者谁多谁少？

1.2 函数的概念及其要素

案例 1-2 某租赁公司策划出租 100 套公寓，经过市场调查，当每套公寓租金为5000 元/月时，可全部租出．当租金每增加 100 元时，租出的公寓就减少 1 套．已知每租出去一套公寓，租赁公司每月需为其支付 300 元的维修费，求租金与收入的函数模型，并求当每套公寓的月租金定为 3500 元时，能租出多少套？

微课

函数的概念及其要素

分析： 假设每月租金为 x 元，租出去的公寓有 $100-\dfrac{x-5000}{100}$ 套，

收入为 $R(x)=(x-300)\left(100-\dfrac{x-5000}{100}\right)$.

应用数学的主体内容是微积分，其研究对象是函数，下面将对函数概念进行复习.

1. 函数的概念

如果 D、W 是非空的数集，如果按某个确定的对应关系 f，使得对于集合 D 中的任意一个数 x，在集合 W 中都有唯一确定的数 $f(x)$ 和它对应，那么就称 $f:D\to W$ 为从集合 D 到集合 W 的一个函数，记作

$$y=f(x),\ x\in D.$$

其中，x 叫作自变量，x 的取值范围 D 叫作函数的定义域；与 x 的值相对应的 y 的值叫作函数值，函数值的集合 $W=\{f(x)\,|\,x\in D\}$ 叫作函数的值域.

2. 函数的两要素

函数的**定义域**与对应法则称为函数的**两要素**.

如果函数的**定义域**与**对应法则**都分别相同，则称它们是相同的函数，否则称为不同函数．

函数的定义域应注意以下几点．

(1)若 $y=\sqrt[2n]{f(x)}$，则 $f(x)\geqslant 0$，$n\in\mathbf{N}^+$；

(2)若 $y=\dfrac{A}{f(x)}$，则 $f(x)\neq 0$；

(3)若 $y=\log_a f(x)$，则 $f(x)>0$；

(4)若 $y=\log_{f(x)}N$，则 $f(x)>0$ 且 $f(x)\neq 1$，$N>0$；

(5)若 $y=\tan f(x)$，则 $f(x)\neq k\pi\pm\dfrac{\pi}{2}$，$k$ 为整数；

(6)若 $y=\cot f(x)$，则 $f(x)\neq k\pi$，k 为整数；

(7)若 $y=\arcsin f(x)$，则 $|f(x)|\leqslant 1$；

(8)若 $y=\arccos f(x)$，则 $|f(x)|\leqslant 1$．

注意

如果函数表达式同时涉及以上几种情况，则应取各个部分定义域的交集．

例 1-3 下列各函数中，哪一个函数与 $y=x-2$ 是相同的函数．

(1)$y=\dfrac{x^2-4}{x+2}$；　　　(2)$y=x-2$，$(x<0)$；　　　(3)$y=t-2$．

解：函数 $y=x-2$ 定义域是 $\mathbf{R}$，值域为 $\mathbf{R}$；而(1)的定义域为 $x\in\mathbf{R}$ 且 $x\neq -2$；(2)的定义域为 $x<0$；(3)的定义域是 $\mathbf{R}$，值域是 $\mathbf{R}$，对应法则相同，与 $y=x-2$ 是相同的函数．

例 1-4 求 $f(x)=\ln(x+2)+\dfrac{3}{\sqrt{1-x^2}}$ 的定义域．

解：由于函数里面含有对数、根式和分母，所以确定定义域时需同时考虑对数的真数大于零，根式里面的被开方式大于等于零，分母不为零，即 $\begin{cases}x+2>0\\1-x^2>0\end{cases}$，由此得函数定义域为 $(-1,1)$．

同步练习 1.2

1. 基础练习

若函数 $f(x)=4x^3+1$，求 $f(2)$，$f(-1)$，$f(f(-1))$，$f(x+1)$．

2. 进阶练习

求下列各函数的定义域．

(1)$y=\dfrac{3}{\sqrt{9-x^2}}-\sqrt{x+3}$；

(2)$y=\dfrac{2x+1}{2x-1}+\ln(x-3)$．

3. 致思空间

函数概念的本质是什么?

微课

函数的基本性质

1.3　函数的基本性质

对称之美源于自然,对称轴两边的形状和大小是一致且对称的.
建筑之美,蕴含着平衡、稳定之美,如图 1-2 所示.这种美常用数学中的偶函数来描述.

图 1-2

对于函数,常根据函数的不同性质进行分类,以下是函数的几种基本性质.

1. 函数的奇偶性

设 $y = f(x)$ 的定义域是 D,且对于任意 $x \in D$ 有 $-x \in D$,若对于任意的 $x \in D$ 恒有
$f(-x) = -f(x)$,则称 $f(x)$ 是**奇函数**;若对于任意 $x \in D$ 恒有 $f(-x) = f(x)$,则称
$f(x)$ 是**偶函数**;如果函数既不是奇函数也不是偶函数,那么称其为**非奇非偶函数**.
奇函数的图像关于原点对称,偶函数的图像关于 y 轴对称.

2. 函数的单调性

设 $y = f(x)$ 的定义域是 D,$(a,b) \subseteq D$,对于任意的 x_1,$x_2 \in (a,b)$ 且 $x_1 < x_2$,
若恒有 $f(x_1) < f(x_2)$,则称 $f(x)$ 在 (a,b) 内是单调递增函数.
若恒有 $f(x_1) > f(x_2)$,则称 $f(x)$ 在 (a,b) 内是单调递减函数.

注意

函数的单调性是局部概念,是针对定义域特定的子区间而言的,在某个子区间上单调递增(递减),不一定在整个定义域内单调递增(递减).例如 $y = x^2$ 在 $(-\infty, 0)$ 单调递减,在 $(0, +\infty)$ 单调递增,但是在定义域 $(-\infty, +\infty)$ 不是单调的.

3. 函数的周期性

设 D 为 $f(x)$ 的定义域,若存在 T 且 $x + T \in D(T \neq 0)$ 使得 $f(x+T) = f(x)$,则称

$f(x)$ 是以 T 为周期的函数，称周期函数的周期中最小的正数为函数的最小正周期．例如 $y=3\sin\left(4x+\dfrac{\pi}{3}\right)+2$ 最小正周期为 $T=\dfrac{2\pi}{|4|}=\dfrac{\pi}{2}$，$y=5\tan\left(-3x+\dfrac{\pi}{6}\right)+3$ 的最小正周期为 $T=\dfrac{\pi}{|-3|}=\dfrac{\pi}{3}$．

4. 函数的有界性

若存在常数 $M(M>0)$ 使得对于任意的 $x\in D$ 恒有 $|f(x)|\leqslant M$，则称 $f(x)$ 是 D 上的**有界函数**，否则称 $f(x)$ 为 D 上的**无界函数**．

例 1-5 讨论函数 $f(x)=\dfrac{x-x^3}{2}$ 的奇偶性．

解：由于 $f(x)$ 的定义域为 $(-\infty,+\infty)$，且 $f(-x)=\dfrac{x^3-x}{2}=-f(x)$，因此，函数 $f(x)=\dfrac{x-x^3}{2}$ 是奇函数．

> **知识延伸**
>
> 函数描述了自然界中数量之间的关系，函数思想通过提出问题的数学特征，建立函数关系式的数学模型，从而进行研究．函数体现了"联系和变化"的辩证唯物主义观点，只有对所给的问题进行观察、分析、判断比较深入、充分、全面时，才能产生由此及彼的联系，构造出函数模型．

1.4 分段函数

案例 1-3 停车场收费规定是：前 $\dfrac{1}{2}$ h 免费，1h 内收费 6 元，1h 后每增加 1h 收费 2 元，不足 2h 按 2h 计收，以此类推，每天最多收费 26 元，试表示停车场收费与停车时间的关系．

分析：根据题意，设停车时间是 x，要缴纳的停车费是 $f(x)$，可以根据停车时间和收费的关系列出如下函数．

$$f(x)=\begin{cases}0, & x\leqslant\dfrac{1}{2}\\[2mm] 6, & \dfrac{1}{2}<x\leqslant1\\[2mm] 6+2[x], & 1<x<11\\[2mm] 26, & 11\leqslant x\leqslant24\end{cases}.$$

许多工程和经济领域中的问题在不同取值范围内，用不同的数学模型来表示，称其为**分段函数**．

分段函数，就是对于自变量 x 的不同的取值范围有不同的解析式的函数；它是一个函数，而不是几个函数；分段函数的定义域是各段函数定义域的并集，值域也是各段函数值域的并集.

例 1-6　求函数 $f(x)=\begin{cases}x^2+4x+1, & x\leqslant-2 \\ \dfrac{x}{2}, & x>-2\end{cases}$ 的值域.

解：当 $x\leqslant-2$ 时，$y=x^2+4x+1=(x+2)^2-3$，所以 $y\geqslant-3$；

当 $x>-2$ 时，$y=\dfrac{x}{2}$，得 $y>\dfrac{-2}{2}=-1$，

故函数 $f(x)$ 的值域是 $\{y|y\geqslant-3$ 或 $y>-1\}=\{y|y\geqslant-3\}$.

例 1-7　已知函数 $f(x)=\begin{cases}-2, & x\in(-\infty,-2) \\ x+3, & x\in[-2,2), \\ 3, & x\in[2,+\infty)\end{cases}$　画

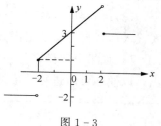

图 1-3

函数 $f(x)$ 的图像.

解：函数图像如图 1-3 所示.

注意

分段函数有几段，其图像就由几条曲线组成，作图的关键是根据定义域的不同，分别由解析式作出其图像. 作图时，一要注意每段函数自变量的取值范围；二要注意函数的图像中每段的端点的虚实.

例 1-8　已知 $f(x)=\begin{cases}x+\mathrm{e}, & x>0 \\ 4, & x=0，求 f(f(f(-6))) 的值. \\ 0, & x<0\end{cases}$

解：$\because$　$-6<0$，$\therefore$　$f(-6)=0$，$\therefore$　$f(f(-6))=f(0)=4$.

又 $\because 4>0$，$\therefore f(f(f(-6)))=f(4)=4+\mathrm{e}$.

评注

求分段函数的函数值时，首先应确定自变量所在的范围，然后按对应关系求值.

例 1-9　已知函数 $f(x)=\begin{cases}2, & x\geqslant0 \\ x^2, & x<0\end{cases}$，如图 1-4 所示，

求函数的最值.

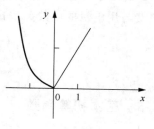

图 1-4

解：由于本分段函数有两段，其中一部分是一段抛物线，另一部分是一条射线，因此易得函数最小值为 0，没有最大值.

知识延伸

(1)分段函数在图像上分为两类,即连续型与断开型,判断的方法为将边界值代入每一段函数(其中一段是函数值,另外一段是临界值),若两个值相等,那么分段函数是连续的,否则是断开的.

(2)每一个含绝对值的函数,都可以通过绝对值内部的符号讨论,将其转化为分段函数.

(3)遇到分段函数要时刻注意自变量的范围,并根据自变量的范围选择合适的解析式代入,若自变量的范围并不完全在某一段中,要注意进行分类讨论.

(4)如果分段函数每一段的解析式便于作图,则在解题时建议将分段函数的图像画出,以便必要时进行数形结合.

同步练习 1.3

1. 基础练习

已知 $f(x) = \begin{cases} x^2 - 1, & x > 0 \\ \sin\left(x - \dfrac{\pi}{2}\right), & x = 0 \\ 0, & x < 0 \end{cases}$,求 $f(f(f(1)))$ 的值.

2. 进阶练习

已知函数 $f(x) = \begin{cases} 3x, & x \in (-7, -5) \\ x + 3, & x \in [-5, 5) \\ 1, & x \in [5 + \infty) \end{cases}$,画出函数 $f(x)$ 的图像.

3. 致思空间

公寓所处城市制定了阶梯用电收费标准:当每户月用电量低于 120 千瓦时,电价为 0.8 元/千瓦时;超过 120 千瓦时以后,不超过部分依旧是 0.8 元/千瓦时,超过的部分则是 1 元/千瓦时.据了解,某用户 5 月用电量为 115 千瓦时,电费为 69 元;6 月用电量为 140 千瓦时,电费为 94 元.试求:该用户每月用电量为 x(千瓦时),应付电费为 y(元)时电费与用电量的函数关系式.

学习任务二 初等函数

1.5 基本初等函数

案例 1-4 某套公寓价值 100 万元,如果该套公寓每年以 0.5% 的幅度贬值,请计算公寓的价值 y(万元)与所经过时间 x(年)的函数关系,并预测 70 年后该公寓的价值.

分析：由题意得 $y=100(0.95)^x$.

在中学阶段，我们学习了一些函数的基本知识，它同样也是高等数学学习的基础，下面就一起来回顾这些函数，对初等函数进行进一步学习．

下面介绍常见的基本初等函数。

(1)幂函数 $y=x^a$ (a 是常数).

(2)指数函数 $y=a^x$ ($a>0$ 且 $a\neq1$).

                 $y=\mathrm{e}^x$ (e 是无理数，e$=2.718281828459045\cdots$).

(3)对数函数 $y=\log_a x$ (其中 $a>0$ 且 $a\neq1$).

   常用对数 $y=\lg x$ (以 10 为底 x 的对数).

   自然对数 $y=\ln x$ (以 e 为底 x 的对数).

(4)三角函数 $y=\sin x$，$y=\cos x$，$y=\tan x$，$y=\cot x$，

                 $y=\sec x=\dfrac{1}{\cos x}$，$y=\csc x=\dfrac{1}{\sin x}$.

(5)反三角函数 $y=\arcsin x$，$y=\arccos x$，$y=\arctan x$，

                 $y=\mathrm{arccot}x$.

以上 5 类函数称为基本初等函数．

表 1-1 所示为常见函数的定义域、值域和性质．

表 1-1

函数类型	定义域、值域	函数的性质
幂函数 $y=x^a(a\in\mathbf{R})$	由函数表达式决定	恒过点$(1,1)$
指数函数 $y=a^x$ $a>0$ 且 $a\neq1$	$x\in\mathbf{R}$ $y\in(0,+\infty)$	非奇非偶函数，恒过点$(0,1)$； $a>1$ 时单调递增，$0<a<1$ 时单调递减
对数函数 $y=\log_a x$ $a>0$ 且 $a\neq1$	$x\in[0,+\infty)$ $y\in\mathbf{R}$	非奇非偶函数，恒过点$(1,0)$； $a>1$ 时单调递增，$0<a<1$ 时单调递减
正弦函数 $y=\sin x$	$x\in\mathbf{R}$ $y\in[-1,1]$	奇函数，周期 $T=2\pi$； 在 $\left[-\dfrac{\pi}{2}+2k\pi,\dfrac{\pi}{2}+2k\pi\right)$ 上单调递增， 在 $\left[\dfrac{\pi}{2}+2k\pi,\dfrac{3\pi}{2}+2k\pi\right)$ 上单调递减
余弦函数 $y=\cos x$	$x\in\mathbf{R}$ $y\in[-1,1]$	偶函数，周期 $T=2\pi$； 在 $[2k\pi,(2k+1)\pi]$ 上单调递减， 在 $[(2k+1)\pi,(2k+2)\pi]$ 上单调递增
正切函数 $y=\tan x$	$x\neq k\pi\pm\dfrac{\pi}{2}$ $y\in\mathbf{R}$	奇函数，周期 $T=\pi$； 在 $\left(k\pi-\dfrac{\pi}{2},k\pi+\dfrac{\pi}{2}\right)$ 内单调递增

函数类型	定义域、值域	函数的性质
余切函数 $y=\cot x$	$x\neq k\pi$ $y\in \mathbf{R}$	奇函数，周期：$T=\pi$； 在 $(k\pi,k\pi+\pi)$ 内单调递减
反正切函数 $y=\arctan x$	$x\in(-\infty,+\infty)$ $y\in\left(-\dfrac{\pi}{2},\dfrac{\pi}{2}\right)$	奇函数，有界，在 $(-\infty,+\infty)$ 上单调递增
反余切函数 $y=\operatorname{arccot}x$	$x\in(-\infty,+\infty)$ $y\in(0,\pi)$	非奇非偶函数，有界，在 $(-\infty,+\infty)$ 上单调递减

同步练习 1.4

1. 基础练习

$a^m\cdot a^n=$ _____； $\dfrac{a^m}{a^n}=$ _____； $(ab)^m=$ _____；

$(a^m)^n=$ _____； $a^{-m}=$ _____； $a^{\frac{n}{m}}=$ _____．

2. 进阶练习

$\ln e=$ _____； $\ln 1=$ _____； $\lg 1=$ _____； $\lg 20+\lg 50=$ _____；

$\lg 10=$ _____； $\lg 100=$ _____； $\log_a a=$ _____； $\dfrac{\log_3 54}{\log_3 2}=$ _____．

3. 致思空间

每次体检的心电图上没有任何说明，只有一簇看似相同又存在差别的曲线，那么这些曲线有什么规律呢？

1.6 复合函数

案例 1-5 在西方有一首民谣：丢失一个钉子，坏了一只蹄铁；坏了一只蹄铁，折了一匹战马；折了一匹战马，伤了一位骑士；伤了一位骑士，输了一场战斗；输了一场战斗，亡了一个帝国．世界上的一切事物都处在普遍联系之中，其中没有任何一个事物孤立地存在，整个世界就是一个普遍联系的统一整体．事物的联系是客观的，人们要认识和把握事物的真实联系，就必须具体地分析事物之间的联系．一个钉子和一个帝国看起来毫无联系，但通过一些媒介，如蹄铁与战马，战马与骑士，骑士与战斗等，两者之间就产生了紧密的联系．在数学中，函数之间的相互联系就用复合函数来描述．

若函数 $y=u^3$，$u=2x+1$，将 $2x+1$ 代替 u，得到函数 $y=(2x+1)^3$，称其为由 $y=u^3$，$u=2x+1$ 复合而成的复合函数．

定义 1 设函数 $y=f(u)$，$u=\varphi(x)$，如果函数 $\varphi(x)$ 的值域与 $f(u)$ 的定义域的交集为非空数集，那么称 y 为 x 的复合函数，记作 $y=f(\varphi(x))$，其中 u 叫作中间变量．

例 1 - 10　求出由函数 $y=3^u$，$u=\cos x$ 复合而成的函数.

解：由于函数 $u=\cos x$ 的值域与 $y=3^u$ 的定义域的交集为非空数集，所以将 $u=\cos x$ 代入 $y=3^u$ 中，即可得到所求的复合函数为 $y=3^{\cos x}$.

例 1 - 11　求出函数 $y=2^u$，$u=\ln t$，$t=x^2+2$ 复合而成的函数.

解：将 $t=x^2+2$ 代入 $u=\ln t$ 得到 $u=\ln(x^2+2)$，再将 $u=\ln(x^2+2)$ 代入 $y=2^u$，得到所求的复合函数为 $y=2^{\ln(x^2+2)}$.

由例 1 - 11 可知一个复合函数可以由 3 个及其以上函数复合而成，但是一定要满足构成复合函数的基本条件，否则不能构成复合函数. 例如 $y=\ln u$，$u=-x^2$ 就不能构成复合函数，因为 $u=-x^2$ 的值域与 $y=\ln u$ 的定义域的交集为空集.

注意

复合函数的分解原则如下.

（1）从外层到内层逐层分解.

（2）将各层函数分解到基本初等函数或基本初等函数与常数的有限次四则运算所构成的函数为止.

例 1 - 12　指出下列复合函数的结构.

（1）$y=\sin(2x+3)$；　　　　　　　　　　（2）$y=\ln\cos(x+2)$；

（3）$y=3^{\ln\sin(2+x^2)}$；　　　　　　　　　（4）$y=\log_3 2^{\cos^3(2x+3)}$.

解：（1）$y=\sin(2x+3)$ 由 $y=\sin u$，$u=2x+3$ 复合而成.

（2）$y=\ln\cos(x+2)$ 由 $y=\ln u$，$u=\cos v$，$v=x+2$ 复合而成.

（3）$y=3^{\ln\sin(2+x^2)}$ 由 $y=3^u$，$u=\ln v$，$v=\sin w$，$w=2+x^2$ 复合而成.

（4）$y=\log_3 2^{\cos^3(2x+3)}$ 由 $y=\log_3 u$，$u=2^v$，$v=w^3$，$w=\cos t$，$t=2x+3$ 复合而成.

同步练习 1.5

1. 基础练习

（1）求由函数 $y=\ln u$，$u=-2+\arcsin x$ 复合而成的函数；

（2）求由函数 $y=e^u$，$u=\sin t$，$t=2x+1$ 复合而成的函数；

（3）分解复合函数 $y=2^{\cos 3x}$.

2. 进阶练习

分解下列复合函数.

（1）$y=\sin(2x+1)$；　　　　　　　　　（2）$y=\ln\tan(x^2+3)$；

（3）$y=\arcsin(2x+1)^2$.

3. 致思空间

请举一个复合函数的例子并将其分解.

1.7 初等函数

定义 1 由常数和基本初等函数，经过有限次复合或有限次的四则运算，能用一个解析式表示出来的函数，称为**初等函数**.

如 $y = \log_3 x + \sin^2 x + 4$，$y = \dfrac{2\ln x + \sqrt{x^2 + 4}}{x\tan x - 1}$ 都是初等函数.

一般地，**分段函数**不是初等函数. 但是，如果一个分段函数可以化成用一个解析式表示的函数，那么它也是初等函数.

例 1-13 分段函数 $y = \begin{cases} x, & x \geq 0 \\ -x, & x < 0 \end{cases}$ 可化为 $y = |x|$，$x \in (-\infty, +\infty)$，可知 $y = |x|$ 是一个初等函数.

例 1-14 分段函数 $y = \begin{cases} x, & x \geq 0 \\ -\cos x, & x < 0 \end{cases}$ 不是初等函数.

定义 2 形如 $y = f(x)^{g(x)}$ 的函数称为**幂指函数**.

例 1-15 $y = x^x = \mathrm{e}^{\ln x^x} = \mathrm{e}^{x\ln x} \Rightarrow y = \mathrm{e}^u$，$u = x\ln x$ 可看作由初等函数复合而成.

同步练习 1.6

1. 基础练习

(1) $y = \dfrac{2\sin 4x + \ln(x^2 + 4)}{\mathrm{e}^x - \sqrt{x} - 1}$ 是否为初等函数？

(2) 函数 $y = \begin{cases} x^5, & x \geq 0 \\ -x^5, & x < 0 \end{cases}$ 是否为初等函数？

2. 进阶练习

请判断 $\max(f(x), g(x)) = \begin{cases} f(x), & f(x) > g(x) \\ g(x), & f(x) < g(x) \end{cases}$ 是否为初等函数.

3. 致思空间

请分组做一个市场调研，了解目前公寓租赁价格的确定方式，并提出合理建议.

模块小结

一、基本内容

1. 函数的概念，函数的表示方法，建立简单应用问题中的函数关系式.

2. 函数的奇偶性、单调性、周期性和有界性.

3. 分段函数及复合函数的概念.

4. 基本初等函数的性质.

二、学习重点

1. 分段函数及复合函数的概念.

2. 基本初等函数的性质.

三、学习难点

1. 分段函数的建立与性质.

2. 复合函数的分解.

习题一

一、选择题

1. $f(x)=x(e^x+e^{-x})$ 在定义域 $(-\infty,+\infty)$ 上是 ( ).

A. 有界函数　　　　B. 奇函数　　　　C. 偶函数　　　　D. 周期函数

2. 下列函数 $f(x)$ 与 $g(x)$ 相等的是 ( ).

A. $f(x)=x^2,g(x)=\sqrt{x^4}$

B. $f(x)=x,g(x)=(\sqrt{x})^2$

C. $f(x)=\dfrac{\sqrt{x-1}}{\sqrt{x+1}},g(x)=\sqrt{\dfrac{x-1}{x+1}}$

D. $f(x)=\dfrac{x^2-1}{x-1},g(x)=x+1$

3. 下列函数中为奇函数的是 ( ).

A. $y=\dfrac{\sin x}{x^2}$　　　　　　　　　　B. $y=xe^{-\frac{2}{x}}$

C. $\dfrac{2^x-2^{-x}}{2}\sin x$　　　　　　　　D. $y=x^2\cos x+x\sin x$

4. 函数 $f(x)=\ln(3x+1)+\sqrt{5-2x}+\arcsin x$ 的定义域是 ( ).

A. $\left(-\dfrac{1}{3},\dfrac{5}{2}\right)$　　　　　　　　B. $\left(-1,\dfrac{5}{2}\right)$

C. $\left(-\dfrac{1}{3},1\right]$　　　　　　　　　D. $(-1,1)$

二、填空题

1. 设 $f(x)=\arcsin\sqrt{2-x}$，则 $f(x)$ 的定义域用区间表示为 _____ .

2. $f(x)=\log_2(\log_2 x)$ 的定义域是 _____ .

3. 函数 $y=5\arccos(3x+2)$ 的定义域是 _____ ，值域是 _____ .

4. 设 $f(x)=\begin{cases}2x, & x<0 \\ x, & x\geqslant0\end{cases}$，$g(x)=\begin{cases}5x, & x<0 \\ -3x, & x\geqslant0\end{cases}$，则 $f[g(x)]=$ _____ .

5. $y = \log_2(\log_{0.2} x)$ 的定义域是_____.

6. 设 $f(x)$ 的定义域是 $[0,4)$，则 $f(x^2)$ 的定义域是_____.

7. 若 $f\left(x + \dfrac{1}{x}\right) = x^2 + \dfrac{1}{x^2} + 4$，则 $f(x) =$_____.

三、判断题

1. $f(x) = \arcsin u$，$u = 3 + 5^x$ 的复合函数是 $f(x) = \arcsin(3 + 5^x)$. （　　　）

2. 分段函数一定不是初等函数. （　　　）

3. $f(x) = \arctan u$，$u = 3 + 6^x$ 的复合函数是 $f(x) = \arctan(3 + 6^x)$. （　　　）

4. 初等函数可以是分段函数. （　　　）

模块二 函数的极限

目标导航

☑ 知识目标：掌握函数的极限、无穷大、无穷小、连续函数等基本概念.

☑ 能力目标：熟练掌握函数极限的运算，并能够灵活利用等价无穷小来解题；熟练掌握函数连续性的判断方法，以及闭区间上连续函数的基本性质.

☑ 素质目标：培养学生热爱劳动，提高垃圾分类意识.

问题情境

为了贯彻落实立德树人的根本任务，进一步加强新时代劳动教育，引导大学生崇尚劳动、尊重劳动、热爱劳动，培养德智体美劳全面发展的时代新人，引导同学们在体验参与中树立正确的劳动价值观，以实干展现青春风采，用服务践行青春担当，某学校开展了"爱在餐厅，你我同行"劳动教育主题实践. 活动内容主要包括餐盘碗筷清理收放、墙面餐桌清洁、餐厅其他区域打扫. 劳动实践开始前，志愿者在餐厅学习掌握收餐盘、打扫桌面和墙壁的技巧与方法. 实践正式开始后，其中一批志愿者便开始按照垃圾分类标准对垃圾进行初步分类，将纸杯、卫生纸等与剩饭剩菜分开处理，再将餐盘按照不同规格分类摆放整齐，很快餐具回收台的餐盘便堆起厚厚一摞. 同时另一批志愿者认真清理墙壁与餐桌上的污渍. 在师生用餐基本结束后，志愿者们继续热火朝天地投身于用餐后的餐桌清洁中. 在 3 个小时左右的实践活动中，时常有前来就餐的老师和同学向正在认真付出的志愿者们投来赞许的目光.

学习任务一 函数的极限

2.1 当 $x \to \infty$ 时函数的极限

案例 2-1 学校有两名同学想要去餐厅当志愿者，但是本次实践活动只能选择 1 人，于是他们玩了一个游戏，谁胜谁就去. 两人坐在方桌旁，轮流往桌面上平放一枚同样大小的硬币. 当最后桌面上只剩下一个位置时，谁放下最后一枚，谁就是胜利者.

分析：G. 波利亚的精巧解法是"一猜二证". 猜想（把问题极端化）如果桌面小到只能放下一枚硬币，那么先放者必胜. 证明（利用对称性）由于方桌有对称中心，先放者可将第一枚硬币放在对称中心，以后每次都将硬币放在对方所放硬币关于对称中心对称的位置，先放者必胜.

从 G. 波利亚的精巧解法中可以看到，他利用极限的思想考察问题的极端状态，探索解题方向或转化途径. 极限思想是一种重要的数学思想，灵活地借助极限思想，可以避免复杂运算,探索解题新思路.

  微积分与中学学过的初等数学有着本质区别,初等数学的研究对象是常量,而微积分的研究对象是变量.初等数学涉及的运算是常量之间的算术运算,而微积分的运算是变量的极限运算.极限思想有非常悠久的历史,它主要研究在自变量的某个变化过程中函数值的变化趋势.下面首先讨论自变量趋于无穷时函数极限的定义.

符号说明:

当自变量 $|x|$ 无限变大时,读作 x 趋于无穷,记为 $x \to \infty$;

当自变量 x 沿着 x 负半轴方向无限变小时,读作 x 趋于负无穷,记为 $x \to -\infty$;

当自变量 x 沿着 x 正半轴方向无限增大时,读作 x 趋于正无穷,记为 $x \to +\infty$.

  定义 1 如果当 $x \to -\infty$ 时,函数 $f(x)$ 的值无限接近于常数 a,则称当 $x \to -\infty$ 时,$f(x)$ 以 a 为极限.记作

$$\lim_{x \to -\infty} f(x) = a \text{ 或 } f(x) \to a (x \to -\infty).$$

  定义 2 如果当 $x \to +\infty$ 时,函数 $f(x)$ 的值无限接近于常数 a,则称当 $x \to +\infty$ 时,$f(x)$ 以 a 为极限.记作

$$\lim_{x \to +\infty} f(x) = a \text{ 或 } f(x) \to a (x \to +\infty).$$

  定义 3 如果当 $x \to \infty$ 时($x \to -\infty$ 且 $x \to +\infty$),函数 $f(x)$ 的值无限接近于常数 a,则称当 $x \to \infty$ 时,$f(x)$ 以 a 为极限.记作

$$\lim_{x \to \infty} f(x) = a \text{ 或 } f(x) \to a (x \to \infty).$$

  定理 1 函数 $f(x)$ 在 $x \to \infty$ 时极限存在的充要条件是 $\lim\limits_{x \to -\infty} f(x)$ 与 $\lim\limits_{x \to +\infty} f(x)$ 都存在且相等,即

$$\lim_{x \to -\infty} f(x) = \lim_{x \to +\infty} f(x) = a \Leftrightarrow \lim_{x \to \infty} f(x) = a.$$

  例 2-1 求下列函数的极限.

(1) $\lim\limits_{x \to -\infty} e^x + 3$; (2) $\lim\limits_{x \to +\infty} \left(\dfrac{5}{7}\right)^{2x}$; (3) $\lim\limits_{x \to +\infty} e^{-x}$; (4) $\lim\limits_{x \to +\infty} \lg x$.

  解: (1) $\lim\limits_{x \to -\infty} e^x + 3 = 3$;   (2) $\lim\limits_{x \to +\infty} \left(\dfrac{5}{7}\right)^{2x} = 0$;

(3) $\lim\limits_{x \to +\infty} e^{-x} = 0$;   (4) $\lim\limits_{x \to +\infty} \lg x = +\infty$.

  例 2-2 求 $\lim\limits_{x \to +\infty} \dfrac{2^x - 3^x}{2^x + 3^x}$.

  解: $\lim\limits_{x \to +\infty} \dfrac{2^x - 3^x}{2^x + 3^x} = \lim\limits_{x \to +\infty} \dfrac{\left(\dfrac{2}{3}\right)^x - 1}{\left(\dfrac{2}{3}\right)^x + 1} = -1$.

2.2 当 $x \to x_0$ 时函数的极限

  接下来讨论自变量趋于有限值时函数极限的定义.

符号说明:

当自变量 x 无限接近于 x_0 时记为 $x \to x_0$;当自变量 x 从 x_0 的左侧(小于 x_0 的一侧)无限接近于 x_0 时,记为 $x \to x_0^-$;当自变量 x 从 x_0 的右侧(大于 x_0 的一侧)无限接近于 x_0 时,记为 $x \to x_0^+$.

下面给出当 $x \to x_0$、$x \to x_0^-$、$x \to x_0^+$ 时函数 $f(x)$ 的极限定义.

定义 1 如果当 $x \to x_0^-$ 时,函数 $f(x)$ 的值无限接近于常数 a,则称 a 为当 $x \to x_0^-$ 时 $f(x)$ 的左极限. 记作

$$\lim_{x \to x_0^-} f(x) = a \text{ 或 } f(x) \to a (x \to x_0^-).$$

定义 2 如果当 $x \to x_0^+$ 时,函数 $f(x)$ 的值无限接近于常数 a,则称 a 为当 $x \to x_0^+$ 时 $f(x)$ 的右极限. 记作

$$\lim_{x \to x_0^+} f(x) = a \text{ 或 } f(x) \to a (x \to x_0^+).$$

函数 $f(x)$ 在 x_0 的左极限 $\lim\limits_{x \to x_0^-} f(x)$ 和右极限 $\lim\limits_{x \to x_0^+} f(x)$ 统称为单侧极限.

定义 3 如果当 $x \to x_0 (x \to x_0^-$ 且 $x \to x_0^+)$ 时,函数 $f(x)$ 的值无限接近于常数 a,则称当 $x \to x_0$ 时,$f(x)$ 以 a 为极限. 记作

$$\lim_{x \to x_0} f(x) = a \text{ 或 } f(x) \to a (x \to x_0).$$

注意

当 $x \to x_0 (x \to x_0^-,\ x \to x_0^+)$,函数 $f(x)$ 的值呈现无限增大(无限减小)的趋势时,极限不存在. 为了叙述方便,我们也称函数 $f(x)$ 以正无穷(负无穷)为极限,记为 $\lim\limits_{x \to x_0} f(x) = +\infty (\lim\limits_{x \to x_0} f(x) = -\infty)$,也可以直接记为 $\lim\limits_{x \to x_0} f(x) = \infty$.

定理 1 函数 $f(x)$ 在 x_0 的极限存在的充要条件是 $f(x)$ 在 x_0 的左右极限都存在且相等,即

$$\lim_{x \to x_0^-} f(x) = \lim_{x \to x_0^+} f(x) = a \Leftrightarrow \lim_{x \to x_0} f(x) = a.$$

例 2-3 已知 $f(x) = \begin{cases} 2x-3, & x<1 \\ 0, & x=1 \\ x^2+2x-2, & x>1 \end{cases}$,求函数 $\lim\limits_{x \to 1^-} f(x)$,$\lim\limits_{x \to 1^+} f(x)$,并判断 $\lim\limits_{x \to 1} f(x)$ 是否存在,说明理由.

解: $\lim\limits_{x \to 1^-} f(x) = \lim\limits_{x \to 1^-}(2x-3) = -1$,$\lim\limits_{x \to 1^+} f(x) = \lim\limits_{x \to 1^+}(x^2+2x-2) = 1$,

$\because \lim\limits_{x \to 1^-} f(x) \neq \lim\limits_{x \to 1^+} f(x)$,$\therefore \lim\limits_{x \to 1} f(x)$ 不存在.

例 2-4 已知 $f(x) = \begin{cases} 3x+9, & x<0 \\ 4, & x=0 \\ x^2+2x+9, & x>0 \end{cases}$,求函数 $\lim\limits_{x \to 0^-} f(x)$,$\lim\limits_{x \to 0^+} f(x)$,并判断 $\lim\limits_{x \to 0} f(x)$ 是否存在,请说明理由.

解：$\lim\limits_{x\to 0^-}f(x)=\lim\limits_{x\to 0^-}(3x+9)=9,\qquad \lim\limits_{x\to 0^+}f(x)=\lim\limits_{x\to 0^+}(x^2+2x+9)=9,$

$\because \lim\limits_{x\to 0^-}f(x)=\lim\limits_{x\to 0^+}f(x)=9,\ \therefore \lim\limits_{x\to 0}f(x)=9.$

通过以上例题可以看出，函数 $\lim\limits_{x\to x_0}f(x)$ 是否存在，只与它的左极限 $\lim\limits_{x\to x_0^-}f(x)$ 和右极限 $\lim\limits_{x\to x_0^+}f(x)$ 有关，与 $f(x_0)$ 是否存在无关.

2.3 无穷小与无穷大

1. 无穷小

定义 1 当在 x 的某一特定的变化过程中（$x\to x_0$ 或 $x\to\infty$），若函数 $f(x)$ 的极限等于零（$\lim\limits_{x\to x_0}f(x)=0$ 或 $\lim\limits_{x\to\infty}f(x)=0$），则称 $f(x)$ 为 x 在这个变化过程中的**无穷小量**，简称**无穷小**.

微课

无穷小与无穷大

> **知识延伸**
>
> （1）变量 $f(x)$ 只有在自变量 x 的某一特定变化过程中才有可能是无穷小，一旦这个变化过程发生改变，则可能不是无穷小.
>
> （2）无穷小不是表示一个很小的数，而是表示量的变化状态，一种无限趋于零的状态.
>
> （3）除常数零之外（无论自变量如何变化，常数零始终以零为极限），再无其他常数可以称为无穷小.

例 2-5 自变量在怎样的变化过程中，下列函数是无穷小.

（1）$y=8x-1$;　　　　　　　　　　　　　（2）$y=3^x$;

解：（1）因为 $\lim\limits_{x\to\frac{1}{8}}(8x-1)=0$，所以当 $x\to\dfrac{1}{8}$ 时，$8x-1$ 为无穷小.

（2）因为 $\lim\limits_{x\to-\infty}3^x=0$，所以当 $x\to-\infty$ 时，3^x 为无穷小.

2. 无穷大

定义 2 当在 x 的某一特定的变化过程中（$x\to x_0$ 或 $x\to\infty$）时，函数 $f(x)$ 的绝对值 $|f(x)|$ 无限增大，则称 $f(x)$ 为 x 在这个变化过程中的**无穷大量**，简称**无穷大**，记作

$$\lim\limits_{x\to x_0}f(x)=\infty \text{ 或 } \lim\limits_{x\to\infty}f(x)=\infty.$$

如果把定义中的 $|f(x)|$ 无限增大细分为 $f(x)$ 和 $-f(x)$ 无限增大，那么上述极限可以记作

$$\lim\limits_{\substack{x\to x_0\\(x\to\infty)}}f(x)=+\infty \text{ 和 } \lim\limits_{\substack{x\to x_0\\(x\to\infty)}}f(x)=-\infty.$$

注意

（1）变量 $f(x)$ 只有自变量 x 在某一特定的变化过程中才可能是无穷大，一旦这个变化过程改变，则可能不是无穷大．

（2）无穷大不是表示一个很大的数，而是表示量的变化状态，一种无限增大或者无限减小的状态，因此在描述无穷大时，一定要注明其变化过程．

例 2 - 6　自变量在怎样的变化过程中，下列函数是无穷大．

$(1)y=\dfrac{1}{8x-1}$；$\qquad\qquad\qquad(2)y=3^{x}$．

解：（1）因为 $\lim\limits_{x\to\frac{1}{8}}\dfrac{1}{8x-1}=\infty$，所以当 $x\to\dfrac{1}{8}$ 时，$\dfrac{1}{8x-1}$ 为无穷大．

（2）因为 $\lim\limits_{x\to+\infty}3^{x}=+\infty$，所以当 $x\to+\infty$ 时，3^{x} 为无穷大．

3. 无穷小与无穷大的关系

定理 1　在同一个变化过程中（$x\to x_{0}$ 或 $x\to\infty$），如果 $f(x)$ 为无穷大，则 $\dfrac{1}{f(x)}$ 为无穷小；如果 $f(x)$ 为无穷小，且 $f(x)\neq0$，则 $\dfrac{1}{f(x)}$ 为无穷大．

例如：$\lim\limits_{x\to\frac{1}{2}}(2x-1)=0$，则 $\lim\limits_{x\to\frac{1}{2}}\dfrac{1}{2x-1}=\infty$．

4. 无穷小的性质

性质 1　有限个无穷小的代数和是无穷小．

性质 2　有限个无穷小的乘积是无穷小．

性质 3　有界函数与无穷小的乘积是无穷小．

例 2 - 7　求下列函数的极限．

$(1)\lim\limits_{x\to\infty}\dfrac{\cos3x}{x}$；$\qquad\qquad(2)\lim\limits_{x\to0}5x\sin\dfrac{1}{x^{2}}$．

解：（1）$\because\lim\limits_{x\to\infty}\dfrac{1}{x}=0$，$\therefore$ 当 $x\to\infty$ 时，$\dfrac{1}{x}$ 是无穷小，

由 $|\cos3x|\leqslant1$ 可知 $\cos3x$ 是有界函数，根据无穷小的性质 3，当 $x\to\infty$ 时，$\dfrac{\cos3x}{x}$ 是无穷小，即 $\lim\limits_{x\to\infty}\dfrac{\cos3x}{x}=0$．

（2）$\because\lim\limits_{x\to0}5x=0$，又由 $\left|\sin\dfrac{1}{x^{2}}\right|\leqslant1$ 知 $\sin\dfrac{1}{x^{2}}$ 是有界函数．

由无穷小的性质 3 可知 $\lim\limits_{x\to0}5x\sin\dfrac{1}{x^{2}}=0$．

2.4 无穷小的比较

首先，我们观察一个简单的情形：当 $x \to 0$ 时，x、$2x$、x^2、x^4 等都是无穷小，很容易发现，当 $x \to 0$ 时，x^2 趋于零的速度较 x 和 $2x$ 快，而 x^4 趋于零的速度又比 x^2 快，这些在 x 的某一变化过程中的无穷小趋于零的快慢，可以用两个无穷小之比的极限来刻画，$\lim\limits_{x \to 0} \dfrac{x^4}{x} = 0$，$\lim\limits_{x \to 0} \dfrac{2x}{x} = 2$，$\lim\limits_{x \to 0} \dfrac{x^2}{x^4} = \infty$. 因此可以用无穷小的比的极限来描述两个无穷小趋于零的快慢差异.

一般地，对两个无穷小的比较，有如下定义.

定义 1 设 α 和 β 都是同一变化过程中（$x \to x_0$ 或 $x \to \infty$）的无穷小，

(1)如果 $\lim \dfrac{\beta}{\alpha} = 0$，则称 β 是比 α **高阶的无穷小**，常记为 $\beta = o(\alpha)$；

(2)如果 $\lim \dfrac{\beta}{\alpha} = \infty$，则称 β 是比 α **低阶的无穷小**；

(3)如果 $\lim \dfrac{\beta}{\alpha} = C(C \neq 0)$，则称 β 与 α 是**同阶的无穷小**；

特别地，当 $C = 1$ 时，则称 β 与 α 是**等价无穷小**，记为 $\alpha \sim \beta$.

2.5 等价无穷小替换定理求极限

下面给出几组常用的等价无穷小.

当 $x \to 0$ 时，

$$x \sim \sin x \sim \tan x \sim \arcsin x \sim \arctan x \sim \ln(1+x) \sim e^x - 1 \sim 2\sqrt{1+x}；$$

$$1 - \cos x \sim \frac{x^2}{2}，\quad 1 - \cos 2x \sim 2x^2，\quad 1 - \cos ax \sim \frac{a^2}{2}x^2，\quad (1+x)^a - 1 \sim ax.$$

定理 1 设变量 α，β，α'，β' 都是同一变化过程中的无穷小，如果 $\alpha \sim \alpha'$，$\beta \sim \beta'$，且 $\lim \dfrac{\alpha'}{\beta'}$ 存在，则 $\lim \dfrac{\alpha}{\beta} = \lim \dfrac{\alpha'}{\beta'}$.

例 2-8 求下列函数的极限.

(1)$\lim\limits_{x \to 0} \dfrac{\arctan 3x}{2x}$；

(2)$\lim\limits_{x \to 0} \dfrac{\sin 8x}{\tan 9x}$.

解：(1)当 $x \to 0$ 时，$3x \sim \arctan 3x$，则 $\lim\limits_{x \to 0} \dfrac{\arctan 3x}{2x} = \lim\limits_{x \to 0} \dfrac{3x}{2x} = \dfrac{3}{2}$.

(2)当 $x \to 0$ 时，$8x \sim \sin 8x$，$\tan 9x \sim 9x$，则 $\lim\limits_{x \to 0} \dfrac{\sin 8x}{\tan 9x} = \lim\limits_{x \to 0} \dfrac{8x}{9x} = \dfrac{8}{9}$.

同步练习 2.1

1. 基础练习

（1）求下列函数的极限．

① $\lim\limits_{x \to e} \ln x$；

② $\lim\limits_{x \to 2} x^3$；

③ $\lim\limits_{x \to \frac{\pi}{4}} \dfrac{\cos 2x}{4\sin(\pi - 2x)}$；

④ $\lim\limits_{x \to \infty} 100$；

⑤ $\lim\limits_{x \to \infty} \dfrac{1}{2x^3}$；

⑥ $\lim\limits_{x \to +\infty} \left(\dfrac{1}{10}\right)^x$．

（2）指出下列函数中，哪些是无穷大？哪些是无穷小？

① $\dfrac{3x}{5+x^2}(x \to 0)$；

② $\dfrac{x^3}{1+3x^2}(x \to \infty)$；

③ $\dfrac{2x}{x-2}(x \to 2)$．

2. 进阶练习

（1）求下列函数的极限．

① $\lim\limits_{x \to \pi} \cos \dfrac{1}{2}x$；

② $\lim\limits_{x \to 9} \log_9 x$；

③ $\lim\limits_{x \to +\infty} \arctan x$．

（2）已知 $f(x) = \begin{cases} 2x-3, & x<1 \\ x^2-2x+1, & x \geqslant 1 \end{cases}$，求函数 $\lim\limits_{x \to 1^-} f(x)$，$\lim\limits_{x \to 1^+} f(x)$，并判断 $\lim\limits_{x \to 1} f(x)$ 是否存在．

（3）已知 $f(x) = \begin{cases} 2x+a, & x<2 \\ 3, & x=2 \\ x^3+b, & x<2 \end{cases}$，$\lim\limits_{x \to 1} f(x)$ 存在，请求出 $b-2a$ 的值．

3. 致思空间

每人每天节约 $100\,g$ 粮食，10 人用 1 年的时间将会节约多少粮食？

学习任务二　极限的运算

2.6　极限的四则运算法则

设 $\lim f(x)$ 和 $\lim g(x)$ 都存在，那么

法则 1　$\lim[f(x) \pm g(x)] = \lim f(x) \pm \lim g(x)$．

推论 1　$\lim[af(x) \pm bg(x)] = a\lim f(x) \pm b\lim g(x)$．

法则 2　$\lim[f(x) \cdot g(x)] = \lim f(x) \cdot \lim g(x)$．

推论 2　$\lim\{[f(x)]^m \cdot [g(x)]^n\} = [\lim f(x)]^m \cdot [\lim g(x)]^n$．

法则 3　$\lim \dfrac{f(x)}{g(x)} = \dfrac{\lim f(x)}{\lim g(x)}(\lim g(x) \neq 0)$．

注意

（1）$\lim f(x)$和$\lim g(x)$是指在$x \to x_0$，$x \to x_0^-$，$x \to x_0^+$，$x \to \infty$，$x \to -\infty$，$x \to +\infty$等某一种变化趋势下的极限；

（2）上面的运算法则对于数列的极限依旧成立；

（3）以上法则均可以推广至有限多个函数的情形．

例 2 - 9 计算下列函数的极限．

（1）$\lim\limits_{x \to 0}(2x^2 - x + 1)$；   （2）$\lim\limits_{x \to e}\ln x^2$.

解：（1）$\lim\limits_{x \to 0}(2x^2 - x + 1) = \lim\limits_{x \to 0}2x^2 - \lim\limits_{x \to 0}x + 1 = 1$；

（2）$\lim\limits_{x \to e}\ln x^2 = 2\lim\limits_{x \to e}\ln x = 2\ln e = 2$.

例 2 - 10 计算$\lim\limits_{x \to \infty}\dfrac{x^3 + 4x^2}{6x^3 + x^2 - 3}$的极限．

解： 先用x^3除分子及分母，然后取极限，

$$\lim_{x \to \infty}\frac{x^3 + 4x^2}{6x^3 + x^2 - 3} = \lim_{x \to \infty}\frac{1 + \dfrac{4}{x}}{6 + \dfrac{1}{x} - \dfrac{3}{x^3}} = \frac{1}{6}.$$

另有$\lim\limits_{x \to \infty}\dfrac{3x^2 - x^2 + 6}{5x^3 - x - 9} = 0$， $\lim\limits_{x \to \infty}\dfrac{3x^4 - x^2 + 6}{5x^3 - x - 9} = \infty$.

可以得出以下结论：

$$\lim_{x \to \infty}\frac{a_0 x^n + a_1 x^{n-1} + \cdots + a_n}{b_0 x^m + b_1 x^{m-1} + \cdots + b_m} = \begin{cases} 0, & n < m \\ \dfrac{a_0}{b_0}, & n = m. \\ \infty, & n > m \end{cases}$$

2.7 第一个重要极限

$$\lim_{x \to 0}\frac{\sin x}{x} = 1.$$

例 2 - 11 求下列函数的极限．

微课

第一个重要极限

（1）$\lim\limits_{x \to 0}\dfrac{\sin 6x}{5x}$；   （2）$\lim\limits_{x \to \infty}x\sin\dfrac{1}{x}$.

解：（1）不妨令$u = 6x$，当$x \to 0$时，$u = 6x \to 0$，那么

$$\lim_{x \to 0}\frac{\sin 6x}{5x} = \lim_{x \to 0}\frac{\sin 6x}{6x}\cdot\frac{6}{5} = \frac{6}{5}\lim_{x \to 0}\frac{\sin 6x}{6x} = \frac{6}{5}\lim_{u \to 0}\frac{\sin u}{u} = \frac{6}{5}.$$

（2）不妨令$u = \dfrac{1}{x}$，当$x \to \infty$时，$u = \dfrac{1}{x} \to 0$，那么

$$\lim_{x \to \infty}x\sin\frac{1}{x} = \lim_{x \to \infty}\frac{\sin\dfrac{1}{x}}{\dfrac{1}{x}} = \lim_{u \to 0}\frac{\sin u}{u} = 1.$$

2.8　第二个重要极限

$$\lim_{x \to \infty}\left(1+\frac{1}{x}\right)^{x}=\mathrm{e}. \qquad (2-1)$$

令 $u=\dfrac{1}{x}$，当 $x \to \infty$ 时，$u \to 0$，$\lim\limits_{x \to \infty}\left(1+\dfrac{1}{x}\right)^{x}=\lim\limits_{u \to 0}(1+u)^{\frac{1}{u}}=\mathrm{e}$，

则有

$$\lim_{x \to 0}(1+x)^{\frac{1}{x}}=\mathrm{e}. \qquad (2-2)$$

例 2-12　求下列函数的极限.

(1) $\lim\limits_{x \to \infty}\left(1+\dfrac{1}{2x}\right)^{5x}$；　　　　　　　　　(2) $\lim\limits_{x \to 0}(1-3x)^{\frac{2}{x}}$.

解：(1) $\lim\limits_{x \to \infty}\left(1+\dfrac{1}{2x}\right)^{5x}=\lim\limits_{x \to \infty}\left(1+\dfrac{1}{2x}\right)^{2x \cdot \frac{5}{2}}=\lim\limits_{x \to \infty}\left(\left(1+\dfrac{1}{2x}\right)^{2x}\right)^{\frac{5}{2}}=\mathrm{e}^{\frac{5}{2}}$.

(2) $\lim\limits_{x \to 0}(1-3x)^{\frac{2}{x}}=\lim\limits_{x \to 0}(1-3x)^{\frac{-6}{-3x}}=\lim\limits_{x \to 0}((1-3x)^{\frac{1}{-3x}})^{-6}=\mathrm{e}^{-6}$.

由以上几个例题可以看出，$\lim\limits_{x \to \infty}\left(1+\dfrac{1}{x}\right)^{x}=\mathrm{e}$ 与 $\lim\limits_{x \to 0}(1+x)^{\frac{1}{x}}=\mathrm{e}$ 可以统一为以下形式：

当 $\varphi(x) \to 0$ 时，

$$\lim_{\varphi(x) \to 0}(1+\varphi(x))^{\frac{1}{\varphi(x)}}=\mathrm{e}.$$

在实际运算过程中，可以不采用换元，而把对应的 $\varphi(x)$ 看成整体即可，在配凑时指

数位置上只要是它的倒数 $\dfrac{1}{\varphi(x)}$ 的形式即可.

例 2-13　求下列函数的极限.

(1) $\lim\limits_{x \to \infty}\left(\dfrac{1+3x}{2+3x}\right)^{2x}$；

(2) $\lim\limits_{x \to \infty}\left(\dfrac{2x-1}{3+2x}\right)^{x+2}$.

解：(1) $\lim\limits_{x \to \infty}\left(\dfrac{1+3x}{2+3x}\right)^{2x}=\lim\limits_{x \to \infty}\left(\dfrac{1+\dfrac{1}{3x}}{1+\dfrac{2}{3x}}\right)^{2x}=\dfrac{\lim\limits_{x \to \infty}\left(1+\dfrac{1}{3x}\right)^{2x}}{\lim\limits_{x \to \infty}\left(1+\dfrac{2}{3x}\right)^{2x}}=\dfrac{\mathrm{e}^{\frac{2}{3}}}{\mathrm{e}^{\frac{4}{3}}}=\mathrm{e}^{-\frac{2}{3}}$.

(2) $\lim\limits_{x \to \infty}\left(\dfrac{2x-1}{3+2x}\right)^{x+2}=\lim\limits_{x \to \infty}\left[\left(1+\dfrac{-4}{3+2x}\right)^{-\frac{2x+3}{4}}\right]^{-2} \cdot \lim\limits_{x \to \infty}\left(1+\dfrac{2}{3+2x}\right)^{\frac{1}{2}}=\mathrm{e}^{-2}$.

同步练习 2.2

1. 基础练习

(1) $\lim\limits_{x \to 2}(x^{2}+2x-3)$；　　　　　(2) $\lim\limits_{x \to 3}\dfrac{x^{2}-3x}{x^{2}-x-6}$；　　　　　(3) $\lim\limits_{x \to 1}\dfrac{x^{3}-1}{x^{2}-x}$；

$(4)\lim\limits_{x\to\infty}\dfrac{2x^3+3x^2+1}{3x^4+2x^2-2}$;

$(5)\lim\limits_{x\to\infty}\dfrac{3x-6x^4+1}{2x^4+4x^3+x-3}$;

$(6)\lim\limits_{x\to 0}\dfrac{\sin 3x}{9x}$;

$(7)\lim\limits_{x\to 0}\dfrac{\sin 2x}{\tan 6x}$;

$(8)\lim\limits_{x\to\infty}\left(1+\dfrac{1}{x}\right)^{6x}$;

$(9)\lim\limits_{x\to 0}\dfrac{\tan 3x}{2x}$.

2. 进阶练习

$(1)\lim\limits_{x\to 0}x\sin\dfrac{1}{x}$;

$(2)\lim\limits_{x\to\infty}x^2\sin\dfrac{1}{x^2}$;

$(3)\lim\limits_{x\to 0}\dfrac{\arcsin 3x}{\sin 5x}$;

$(4)\lim\limits_{x\to 0}\dfrac{\sin^3 x}{\arctan x^3}$;

$(5)\lim\limits_{x\to 0}\dfrac{\ln(1+8x)}{\sin 2x}$;

$(6)\lim\limits_{x\to\infty}\left(\dfrac{3+x}{x}\right)^{2x}$.

3. 致思空间

假如你将每月在餐厅做勤工助学的 100 元存入银行，银行 1 年的利率为 100%，20 年后本息和为多少？如果你将这 100 元先存半年，再连本带利立刻存入银行，20 年后本息和为多少？

学习任务三　函数的连续性

2.9　函数在一点处的连续性

案例 2－2　我们知道植物的生长高度 h 是时间 t 的函数，而且 h 随 t 连续变化，当时间 t 的变化很微小时，植物的高度 h 变化也很微小.

分析： 当 $\Delta t\to 0$ 时，$\Delta h\to 0$.

微课

函数在一点处的连续性

在经济领域中，许多变量的变化都不是连续的，如产品的生产、销售、成本、效用、价格、利率、商品量、生产量、产值、利润、消费量等. 研究它们的性质需要借助函数，这种性质反映在数学上就是函数的连续性.

我们如何利用数学的语言来描述这种性质呢？首先了解函数的增量.

定义 1　设变量 x 从它的一个初值 x_0 变化到终值 x_1，那么称终值与初值的差 x_1-x_0 为变量 x 在 x_0 处的增量，记为 Δx，即 $\Delta x=x_1-x_0$.

设函数 $y=f(x)$ 在 x_0 处某一个邻域内有定义，当自变量 x 在这个邻域内从 x_0 变化到 x_1 时，函数 $y=f(x)$ 相应地从 $f(x_0)$ 变化到 $f(x_1)$，称 $f(x_1)-f(x_0)$ 为函数 $y=f(x)$ 对应于自变量 Δx 的增量，记为 Δy，即

$$\Delta y=f(x_1)-f(x_0)=f(x_0+\Delta x)-f(x_0).$$

我们借图 2-1 来帮助理解.

从图形可以看出，如果函数 $y=f(x)$ 在 x_0 处连续，则当 $\Delta x\to 0$(即 $x\to x_0$)时，总有 $\Delta y\to 0$，对此有如下定义.

定义 2　设函数 $y=f(x)$ 在 x_0 的邻域内有定义，如果 x_0 在领域内的增量 $\Delta x\to 0$ 时，相应的函数的增量 $\Delta y=f(x_0+$

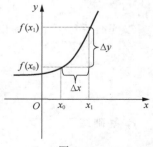

图 2-1

$\Delta x)-f(x_0)$ 也趋近于零，即

$$\lim_{\Delta x \to 0} \Delta y = 0.$$

那么，称函数 $y=f(x)$ 在 x_0 处连续.

由定义知道当 $\Delta x \to 0$ 时，$\Delta y \to 0$，即 $f(x) \to f(x_0)$，所以得到，若函数 $y=f(x)$ 在 x_0 处连续，则有

$$\lim_{x \to x_0} f(x) = f(x_0).$$

如果函数在 x_0 处连续，那么函数一定满足以下条件：

(1)函数 $y=f(x)$ 在 x_0 有定义，即 $f(x_0)$ 存在；

(2)$\lim\limits_{x \to x_0} f(x)$ 存在 $(\lim\limits_{x \to x_0^-} f(x) = \lim\limits_{x \to x_0^+} f(x))$；

(3)函数在 x_0 的极限值等于 x_0 的函数值 $(\lim\limits_{x \to x_0} f(x) = f(x_0) = a)$.

如果函数 $y=f(x)$ 不满足以上任意一个条件，那么函数 $y=f(x)$ 在 x_0 处是间断的，称 x_0 为函数的**间断点**.

2.10　函数在区间上的连续性

定义 1　若函数 $f(x)$ 在 (a,b) 内的每一点都是连续的，且 $\lim\limits_{x \to a^+} f(x)$，$\lim\limits_{x \to b^-} f(x)$ 都存在，则称函数 $f(x)$ 为 (a,b) 内的连续函数，或称函数 $f(x)$ 在 (a,b) 内是连续的.

如果函数 $y=f(x)$ 在 $[a,b]$ 上有定义，在 (a,b) 内连续且 $f(x)$ 在左端点 $x=a$ 处右连续 $(\lim\limits_{x \to a^+} f(x) = f(a))$；在右端点 $x=b$ 处左连续 $(\lim\limits_{x \to b^-} f(x) = f(b))$，则称**函数 $f(x)$ 在 $[a,b]$ 上连续**. 相应地，$[a,b]$ 称为函数 $f(x)$ 的连续区间.

例 2-14　设 $f(x) = \begin{cases} x, & 0 < x < 1 \\ 2, & x=1 \\ x^3, & 1 < x < 2 \end{cases}$，

(1)求 $f(x)$ 在点 $x=1$ 处的左极限与右极限，并说明函数在点 $x=1$ 处是否有极限？

(2)函数 $f(x)$ 在点 $x=1$ 处是否连续？

(3)求 $f(x)$ 的连续区间.

解：(1)$\because \lim\limits_{x \to 1^-} f(x) = \lim\limits_{x \to 1^-} x = 1$，$\lim\limits_{x \to 1^+} f(x) = \lim\limits_{x \to 1^+} x^3 = 1$，

$\therefore \lim\limits_{x \to 1} f(x) = 1$，即函数 $f(x)$ 在点 $x=1$ 处有极限.

(2)由于 $f(1) = 2 \neq \lim\limits_{x \to 1} f(x)$，故函数 $f(x)$ 在点 $x=1$ 处不连续.

(3)函数 $f(x)$ 的连续区间为 $(0, 1)$ 和 $(1, 2)$.

例 2-15　确定 a,b 使 $f(x) = \begin{cases} 3x-1, & x<0 \\ a, & x=0 \\ 2x+b, & x>0 \end{cases}$ 在 $x=0$ 处连续.

解：由于 $f(x)$ 在 $x=0$ 处连续 $\Leftrightarrow \lim\limits_{x \to 0^-} f(x) = \lim\limits_{x \to 0^+} f(x) = f(0)$，

又因为 $\lim\limits_{x \to 0^-} f(x) = \lim\limits_{x \to 0^-} (3x-1) = -1$；$\lim\limits_{x \to 0^+} f(x) = \lim\limits_{x \to 0^+} (2x+b) = b$；$f(0) = a$，

所以，当 $a = b = -1$ 时，$f(x)$ 在 $x=0$ 处连续.

2.11 连续函数的性质

(1)如果函数 $f(x)$ 与 $g(x)$ 在 x_0 处都连续，那么 $f(x) \pm g(x)$，$f(x) \cdot g(x)$ 在 x_0 处也连续；如果 $g(x_0) \neq 0$，那么 $\dfrac{f(x)}{g(x)}$ 在 x_0 处也连续.

(2)如果函数 $u = \varphi(x)$ 在 x_0 处连续，而 $y = f(u)$ 在 $u_0 (u_0 = \varphi(x_0))$ 处也连续，则复合函数 $y = f(\varphi(x))$ 在 x_0 处连续，并且 $\lim\limits_{x \to x_0} f(\varphi(x)) = f(\varphi(x_0)) = f(\lim\limits_{x \to x_0} \varphi(x))$.

(3)初等函数在其定义域内连续.

定理 1(最大值和最小值定理) 如果函数 $y = f(x)$ 在 $[a,b]$ 上连续，那么存在 m，M，使得对于任意 $x \in [a,b]$ 有不等式

$$m \leqslant f(x) \leqslant M,$$

其中 m 为最小值，M 为最大值.

注意

如果定理中的条件不满足，结论就不一定成立.

如函数 $y = \sin x$ 在 $(0, 2\pi)$ 内连续，它在该区间内有最大值 $f\left(\dfrac{\pi}{2}\right) = 1$，最小值 $f\left(\dfrac{3\pi}{2}\right) = -1$.

函数 $f(x) = \begin{cases} x+1, & -1 \leqslant x < 0 \\ 0, & x = 0 \\ x-1, & 0 < x \leqslant 1 \end{cases}$ 在 $[-1,1]$ 上有间断点 $x=0$，它在 $[-1,1]$ 上没有最

大值与最小值.

定理 2(零点定理) 设函数 $f(x)$ 在 $[a,b]$ 上连续，且 $f(a)$ 与 $f(b)$ 异号(即 $f(a) \cdot f(b) < 0$)，那么在 (a,b) 内至少有一点 $\xi (a < \xi < b)$，使 $f(\xi) = 0$.

定理 3(介值定理) 如果函数 $f(x)$ 在 $[a,b]$ 上连续，其最大值是 M，最小值是 m，那么在 $[a,b]$ 上至少存在一点 ξ，使

$$m \leqslant f(\xi) \leqslant M.$$

从图 2-2、图 2-3 可以直观观察零点定理的几何意义，从图 2-4 可以直接观察介值定理的几何意义.

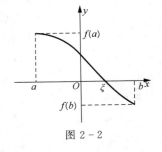

图 2-2

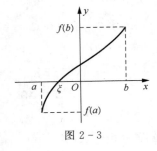

图 2-3

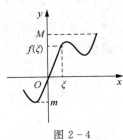

图 2-4

例 2 - 16 证明方程 $x^4 - 6x - 1 = 0$ 在 $(1，2)$ 内至少有一个实根.

证明： 设 $f(x) = x^4 - 6x - 1$，则 $f(x)$ 在 $[1,2]$ 上连续，且 $f(1) \cdot f(2) = -18 < 0$.
由零点定理知，在 $(1,2)$ 内至少有一点 ξ，使 $f(\xi) = 0$，即 ξ 是方程 $x^4 - 6x - 1 = 0$ 在 $(1,2)$
内的一个根.

例 2 - 17 设 $f(x)$ 在 $[0,1]$ 上连续且 $0 \leqslant f(x) \leqslant 1$，证明至少存在一点 $\xi \in [0,1]$，使
得 $f(\xi) = \xi$.

证明： 令 $F(x) = f(x) - x$，则 $F(x)$ 在 $[0,1]$ 上连续且

$$F(0) = f(0) - 0 \geqslant 0，\quad F(1) = f(1) - 1 \leqslant 0.$$

根据零点定理知，至少存在一点 $\xi \in [0,1]$，使得 $F(\xi) = 0$，即 $f(\xi) = \xi$.

2.12 函数的间断点及其分类

定义 1 如果函数 $f(x)$ 在 x_0 处不满足连续的 3 个条件，则称函
数 $f(x)$ 在 x_0 处不连续，或称函数 $f(x)$ 在 x_0 处**间断**，而 x_0 称为函
数 $f(x)$ 的**间断点**.

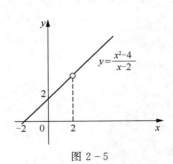

微课

函数的间断点及其分类

易见，函数 $f(x)$ 在 x_0 处有下列 3 种情形之一：

(1) $f(x)$ 在 x_0 处没有定义；

(2) $f(x)$ 在 x_0 处有定义，但 $\lim\limits_{x \to x_0} f(x)$ 不存在；

(3) $f(x)$ 在 x_0 处有定义且 $\lim\limits_{x \to x_0} f(x)$ 存在，但 $\lim\limits_{x \to x_0} f(x) \neq f(x_0)$，

则 x_0 为函数 $f(x)$ 的间断点.

依照以上 3 种情形，函数的间断点可分为以下几种类型.

1. 可去间断点

若 $\lim\limits_{x \to x_0} f(x)$ 存在，但 x_0 为 $f(x)$ 的间断点，则称 x_0 为 $f(x)$ 的**可去间断点**.

例 2 - 18 求函数 $f(x) = \dfrac{x^2 - 4}{x - 2}$ 的间断点.

解： 函数在 $x = 2$ 处没有定义，但 $\lim\limits_{x \to 2} f(x) = \lim\limits_{x \to 2} \dfrac{x^2 - 4}{x - 2} = 4$.

所以 $x = 2$ 是函数 $f(x) = \dfrac{x^2 - 4}{x - 2}$ 的可去间断点，如图 2 - 5
所示.

2. 跳跃间断点

若 $f(x)$ 在 x_0 处的左、右极限存在，但

$$\lim_{x \to x_0^-} f(x) \neq \lim_{x \to x_0^+} f(x)，$$

则称 x_0 为函数 $f(x)$ 的**跳跃间断点**.

图 2 - 5

例 2-19 求函数 $f(x)=\begin{cases} e^x, & x>0 \\ 2x+2, & x\leqslant 0 \end{cases}$ 的间断点.

解：因为 $\lim\limits_{x\to 0^+}f(x)=\lim\limits_{x\to 0^+}e^x=1$，$\lim\limits_{x\to 0^-}f(x)=\lim\limits_{x\to 0^-}(2x+2)=2$，

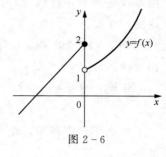

所以 $\lim\limits_{x\to 0^+}f(x)\neq\lim\limits_{x\to 0^-}f(x)$. 故 $x=0$ 是 $f(x)$ 的跳跃间断点，如图 2-6 所示.

图 2-6

3. 第一类间断点

可去间断点和跳跃间断点的统称.

4. 第二类间断点

不是第一类间断点的间断点统称为**第二类间断点**，即函数 $f(x)$ 在 x_0 处至少有一侧的极限不存在的间断点.

例如函数 $f(x)=e^{\frac{1}{2-x}}$ 在 $x=2$ 处虽然右极限为零，但其左极限不存在（为无穷大），所以 $x=2$ 是它的第二类间断点.

又如函数 $f(x)=\sin\dfrac{1}{x^2}$ 在点 $x=0$ 处的左、右极限都不存在，所以 $x=0$ 是它的第二类间断点.

同步练习 2.3

1. 基础练习

求下列函数在指定点是否连续，如果间断，判断其属于第几类间断点.

(1) $y=\cos^4\dfrac{3}{x}$，$x=0$；　　(2) $y=\begin{cases} x-1, & x\leqslant 1 \\ 3-x^2, & x>1 \end{cases}$，$x=1$；　　(3) $y=\dfrac{\sin 5x}{x}$，$x=0$；

(4) $y=\dfrac{x^2+1}{x}$，$x=0$；　　(5) $y=\dfrac{x^2-1}{x^2-3x+2}$，$x=1$，$x=2$.

2. 进阶练习

(1) 求函数 $y=\begin{cases} \dfrac{x^2-1}{x-1}, & x<1 \\ 2-x, & x\geqslant 1 \end{cases}$ 的间断点，并判断其类型.

(2) 若 $f(x)=\begin{cases} \dfrac{\sin 2x}{x}, & x<0 \\ a-3x, & x\geqslant 0 \end{cases}$ 处连续，求 a 的值.

(3) 讨论函数 $y=\begin{cases} \dfrac{e^{6x}-1}{2x}, & x>0 \\ 3-x, & x\leqslant 0 \end{cases}$ 在 $x=0$ 处的连续性.

（4）讨论函数 $f(x) = \begin{cases} x^2\sin\dfrac{3}{x}, & x\neq 0 \\ 0, & x=0 \end{cases}$ 在 $x=0$ 处的连续性．

3. 致思空间

根据调研数据统计，二楼餐厅的冒菜服务区每天会有 $35\sim 50$ 个同学前来用餐，收益与人数的函数模型为 $R=(x-20)^2+3$，求最大收益为多少？

模块小结

一、基本内容

1. 极限的概念，函数左、右极限的概念，以及极限存在与左、右极限的关系．

2. 极限的四则运算法则．

3. 两个重要极限及利用两个重要极限求极限的方法．

4. 无穷小与无穷大的概念，无穷小的比较，用等价无穷小替换定理求极限．

5. 函数连续性的概念，函数间断点以及间断点的分类．

6. 连续函数的性质和初等函数的连续性，闭区间上连续函数的性质．

二、学习重点

1. 极限的概念及四则运算法则．

2. 两个重要极限．

3. 无穷小及无穷大．

4. 函数连续性．

三、学习难点

1. 左极限与右极限．

2. 第二个重要极限．

3. 间断点及其分类．

4. 闭区间上连续函数的性质．

习题二

一、选择题

1. $f(x)$ 在 x_0 处有定义是极限 $\lim\limits_{x\to x_0}f(x)$ 存在的（　　）．

A. 必要条件

B. 充分条件

C. 充要条件

D. 既非充分也非必要

2. 下列各式正确的是（　　）．

A. $\lim\limits_{x\to 0+}\left(1+\dfrac{1}{x}\right)^x=1$

B. $\lim\limits_{x\to\infty}\left(1+\dfrac{1}{x}\right)^x=e$

C. $\lim\limits_{x\to\infty}\left(1-\dfrac{1}{x}\right)^x=-e$

D. $\lim\limits_{x\to\infty}\left(1+\dfrac{1}{x}\right)^{-x}=e$

3. 当 $x \to 0$ 时，下列各式与 $2x$ 不等价的是（ ）.

A. $\sin 2x$ B. $\arcsin 2x$ C. $e^{2x} - 1$ D. $1 - \cos 2x$

4. 设函数 $f(x) = 3x^2 \sin \dfrac{1}{x^6}$，则当 $x \to 0$ 时，$f(x)$ 是（ ）.

A. 有界变量

B. 无界，但非无穷大

C. 无穷小

D. 无穷大

5. 当 $x \to 0$ 时，$\sin x(1 - \cos 2x)$ 是 x^3 的（ ）.

A. 同阶无穷小，但不是等价无穷小

B. 等价无穷小

C. 高阶无穷小

D. 低阶无穷小

6. 下列各式错误的是（ ）.

A. $\lim\limits_{x \to 0} \dfrac{\sin x}{x} = 1$

B. $\lim\limits_{x \to \infty} \dfrac{\sin x}{x} = 1$

C. $\lim\limits_{x \to 0} \dfrac{\arcsin x}{x} = 1$

D. $\lim\limits_{x \to 0} \dfrac{\sin x}{\arcsin x} = 1$

7. $f(x)$ 在 x_0 处连续是极限 $\lim\limits_{x \to x_0} f(x)$ 存在的（ ）.

A. 必要不充分条件   B. 充分不必要条件   C. 充要条件   D. 既非充分也非必要

8. 下列等式成立的是（ ）.

A. $\lim\limits_{x \to \infty} \left(1 + \dfrac{2}{x}\right)^{2x} = e^2$

B. $\lim\limits_{x \to \infty} \left(1 + \dfrac{1}{x}\right)^{2x} = e^2$

C. $\lim\limits_{x \to \infty} \left(1 + \dfrac{1}{x}\right)^{x+2} = e^2$

D. $\lim\limits_{x \to \infty} \left(1 + \dfrac{1}{x}\right)^{x+1} = e^2$

二、填空题

1. 函数 $y = \cos \dfrac{2}{x}$ 的间断点是_____，是第_____类间断点.

2. 若 $f(x) = \begin{cases} e^{2x}, & -\infty < x < 0 \\ 5x, & 0 < x < 1 \\ e^{2ax} + e^{ax} + 3, & 1 \leqslant x < \infty \end{cases}$ 在 $x = 1$ 处连续，则 $a = $ _____.

3. 若 $y = f(x)$ 在 x_0 处连续，则 $\lim\limits_{x \to x_0} [f(x) - f(x_0)] = $ _____.

4. $\lim\limits_{x \to 4} \dfrac{x^2 - 16}{x^2 + 2x - 24} = $ _____.

5. 已知 $\lim\limits_{x \to 2} \dfrac{x^2 + ax - b}{x^2 - x - 2} = 2$，则 $a = $ _____，$b = $ _____.

6. 已知 $f(x) = \begin{cases} \dfrac{\sin 6x + e^{3ax} - 1}{x}, & x \neq 0 \\ a, & x = 0 \end{cases}$ 在 $x = 0$ 处连续，则 $a = $ _____.

7. $\lim\limits_{x \to \infty} \dfrac{(1 + 4x)^8 (2x - 1)^{10}}{(8x^2 - 3)^9} = $ _____.

三、判断题

1. 有界函数与无穷小的积是无穷小.（　　）

2. 当 $x \to \infty$ 时，无穷小 $\dfrac{1}{x}$ 为 $\dfrac{1}{x^3}$ 的高阶无穷小.（　　）

3. 函数 $f(x)$ 在 x_0 处存在极限，则 $f(x)$ 在 x_0 处必有定义.（　　）

4. 若函数 $f(x)$ 在 x_0 处的左、右极限都存在，则 $f(x)$ 在 x_0 的极限一定存在.（　　）

5. 当 $x \to 0$ 时，无穷小 $x(\sqrt{1+2x}-1)$ 与 $1-\cos 4x$ 是同阶无穷小.（　　）

6. 两个无穷大的商是无穷大.（　　）

7. 函数 $f(x)$ 在 x_0 处连续，则其在 x_0 处的极限一定存在.（　　）

8. 若函数 $f(x)$ 在 x_0 处的左、右极限都存在并且相等，则 $f(x)$ 在 x_0 的极限一定存在.（　　）

四、计算题

1. $\lim\limits_{x \to 0}(1+2x)^{\frac{3}{x}}$；

2. $\lim\limits_{x \to 0}(1-3x)^{\frac{6}{x}}$；

3. $\lim\limits_{x \to 1}\left(\dfrac{1}{x-1}-\dfrac{2}{x^2-1}\right)$；

4. $\lim\limits_{x \to e}\left(\ln\dfrac{1}{x}+\ln x^4\right)$；

5. $\lim\limits_{x \to -5}\dfrac{x^2+x-20}{5+x}$；

6. $\lim\limits_{x \to 0}\left(\dfrac{3+x}{3-x}\right)^{\frac{6}{x}+2}$；

7. $\lim\limits_{x \to 0}\dfrac{[(1+2x)^3-1]\arctan x^2}{\tan x-\sin x}$；

8. $\lim\limits_{x \to -2}\dfrac{x^2+7x+10}{x^2-4}$；

9. $\lim\limits_{x \to 0}\dfrac{\sqrt{x^2+4}-2}{2x^2}$；

10. $\lim\limits_{x \to 0}\dfrac{\ln(1+2\sin^2 x)}{x(e^x-1)}$.

五、综合题

1. 设函数 $f(x)=\begin{cases}2x-1, & x<0 \\ 0, & x=0 \\ x^2+3, & x>0\end{cases}$，求 $\lim\limits_{x \to 0^-}f(x)$，$\lim\limits_{x \to 0^+}f(x)$ 和 $\lim\limits_{x \to 0}f(x)$.

2. 设 $f(x)=\begin{cases}2x+1, & 0<x<1 \\ 3, & x=1 \\ 4-x, & 1<x<2\end{cases}$，

(1) 求 $f(x)$ 在 $x=1$ 处的左、右极限，并判定 $f(x)$ 在 $x=1$ 处是否有极限？

(2) 函数 $f(x)$ 在 $x=1$ 处是否连续？

(3) 确定函数 $f(x)$ 的连续区间.

3. 证明方程 $x^4-3x+1=0$ 在 $(1,3)$ 内至少有一个实根.

模块三 一元函数微分学及应用

目标导航

☑ 知识目标：掌握导数和微分定义及运算法则，掌握导数判定函数单调性与凹凸性、极值与最值的方法.

☑ 能力目标：能求解函数的导数与微分；能计算函数的单调区间、凹凸区间以及极值与最值；能利用微分进行近似计算.

☑ 素质目标：培养学生热爱运动.

问题情境

你看过跳台滑雪比赛吗？跳台滑雪简称"跳雪"，是一项运动员脚踏专用滑雪板，不借助任何外力，从起滑台起滑，在助滑道上获得高速度，从跳台末端飞出后，身体前倾与滑雪板成锐角，沿抛物线在空中飞行，最后落在山坡上的比赛项目. 裁判员根据运动员的飞行距离和动作姿态评分. 如运动员正好着陆到 K 点，可得到 60 分，在标准台比赛中，每比 K 点远 1m 多得 2 分，大跳台比赛则多得 1.8 分. 反之，当运动员着陆点短于 K 点距离时，以 60 分为基准扣分，每短 1m，标准台扣 2 分、大跳台扣 1.8 分. 飞行距离计算采取"2 舍 3 入"法，如 60.20m 计为 60m，60.30m 则计为 60.50m. 运动员的姿态分主要根据起跳、飞行和着陆的身体姿态以及飞行中滑雪板的稳定性来评判，由 5 位裁判打分，每位裁判最高能打 20 分. 当裁判打分完成后，去掉最高分和最低分，取剩下的 3 个中间分之和，再加上距离得分，就是该名运动员的总分.

已知运动员起跳一定时间后，相对于地面的高度 h（单位：m）可用确定的函数关系式表示，如何求他在某时刻的速度？

微分学是微积分的重要组成部分，它的基本概念是导数与微分，导数是反映函数相对于自变量的变化快慢程度的，是一种变化率；微分反映的是当自变量有微小变化时，函数的对应变化幅度，是一种变化程度.

本模块以极限为工具，从切线的斜率、变速运动的瞬时速度引入导数的概念，利用一阶导数和二阶导数进一步研究函数和曲线的形态，然后介绍微分的概念及其在近似计算中的应用.

学习任务一 导数与微分的概念

3.1 跳台滑雪的瞬时速度

设运动方程为 $h = h(t)$，$t \in [0, T]$，求落体在 t_0（$t_0 \in [0, T]$）时刻的瞬时速度.

分析：设 t 为 t_0 的邻近时刻（见图 3-1），则落体在时间段 $[t_0,t]$（或 $[t,t_0]$）上的平均速度为

$$\bar{v}=\frac{h(t)-h(t_0)}{t-t_0},$$

若 $t \to t_0$ 时平均速度的极限存在，则极限

$$v=\lim_{t \to t_0}\frac{h(t)-h(t_0)}{t-t_0},$$

为质点在 t_0 时刻的瞬时速度.

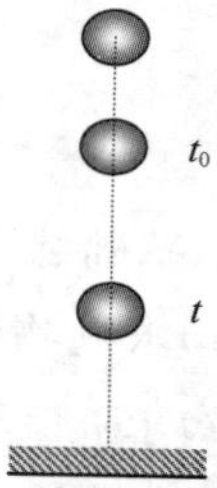

下面介绍切线的斜率问题。

图 3-1

1. 切线的概念

曲线 c 在点 M 处的切线是指：在曲线 c 上另取一点 N，作割线 MN，当点 N 沿曲线 c 趋向点 M 时，如果割线 MN 绕点 M 转动而趋向极限位置 MT，直线 MT 就叫作曲线 c 在点 M 处的切线.

简单说，切线是割线的极限位置. 这里的极限位置的含义是：弦长 $|MN|$ 趋于 0，$\angle NMT$ 也趋向于 0（见图 3-2）.

2. 曲线在一点处切线的斜率

曲线 c 为函数 $y=f(x)$ 的图形，$M(x_0,y_0) \in c$，则 $y_0=f(x_0)$，点 $N(x_0+\Delta x,y_0+\Delta y)$ 为曲线 c 上的一个动点，割线 MN 的斜率为

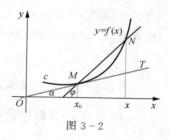

图 3-2

$$\tan\varphi=\frac{\Delta y}{\Delta x}=\frac{f(x_0+\Delta x)-f(x_0)}{\Delta x}.$$

根据切线的定义可知，当点 N 沿曲线 c 趋向点 M，即 $\Delta x \to 0$ 时，割线的斜率趋向切线的斜率. 也就是说，如果 $\Delta x \to 0$ 时，上式的极限存在，则此极限为切线的斜率，记为 k，即

$$k=\tan\alpha=\lim_{\Delta x \to 0}\frac{\Delta y}{\Delta x}=\lim_{\Delta x \to 0}\frac{f(x_0+\Delta x)-f(x_0)}{\Delta x}.$$

思考：上述两个问题的结果有没有共同点？

上述两个问题都归结为求

$$\lim_{\Delta x \to 0}\frac{f(x_0+\Delta x)-f(x_0)}{\Delta x}.$$

例 3-1　求函数 $y=\ln x$ 在 $x=\mathrm{e}$ 处的切线的斜率.

解：$k=\lim\limits_{x \to x_0}\dfrac{f(x)-f(x_0)}{x-x_0}=\lim\limits_{x \to \mathrm{e}}\dfrac{\ln x-\ln \mathrm{e}}{x-\mathrm{e}}$

$$=\lim_{x \to \mathrm{e}}\frac{\ln \dfrac{x}{\mathrm{e}}}{x-\mathrm{e}}=\lim_{x \to \mathrm{e}}\frac{\ln\left(1+\dfrac{x-\mathrm{e}}{\mathrm{e}}\right)}{x-\mathrm{e}}=\lim_{x \to \mathrm{e}}\frac{\dfrac{x-\mathrm{e}}{\mathrm{e}}}{x-\mathrm{e}}=\frac{1}{\mathrm{e}}.$$

同步练习 3.1

1. 基础练习

(1)求抛物线 $y=x^2$ 过点 $(1,1)$ 和点 $(3,9)$ 的割线方程.

(2)求 $h=8t^2$ 在 $t=2$ 时的瞬时速度.

2. 进阶练习

求函数 $y=\mathrm{e}^x$ 在 $x=1$ 处的切线的斜率.

3. 致思空间

已知高台跳水运动员起跳 1s 后,相对于地面的高度 h(单位:m)可用函数 $h(t)=-4.9t^2+6.5t+10$ 表示,求运动员在某时刻的速度,运动员距地面的最大高度是多少?

3.2 导数的概念

1. 导数

设函数 $y=f(x)$ 在 x_0 的某邻域内有定义,当自变量 x 在 x_0 处有增量 Δx 时,相应的函数 $y=f(x)$ 的增量为

$$\Delta y=f(x_0+\Delta x)-f(x_0),$$

若 $\lim\limits_{\Delta x\to 0}\dfrac{\Delta y}{\Delta x}$ 存在,则称函数 $f(x)$ 在 x_0 **处可导**,并称该极限为**函数** $f(x)$ **在** x_0 **处的导数**,记作 $f'(x_0)$,即

微课

导数的几何意义

$$f'(x_0)=\lim_{\Delta x\to 0}\frac{\Delta y}{\Delta x}=\lim_{\Delta x\to 0}\frac{f(x_0+\Delta x)-f(x_0)}{\Delta x},$$

也可记作 $y'\big|_{x=x_0}$,$\dfrac{\mathrm{d}y}{\mathrm{d}x}\Big|_{x=x_0}$,$\dfrac{\mathrm{d}f(x)}{\mathrm{d}x}\Big|_{x=x_0}$. 若上述极限不存在,则称函数 $f(x)$ 在 x_0 处不可导.

2. 导函数

如果函数 $y=f(x)$ 在开区间 I 的每一点都可导,就称函数 $y=f(x)$ 在开区间 I 上可导,这时,$\forall x\in I$,对应 $f(x)$ 的一个确定的导数值,就构成一个新的函数,这个函数叫作 $y=f(x)$ 的**导函数**,记作

$$y',\ f'(x),\ \frac{\mathrm{d}y}{\mathrm{d}x}\text{或}\frac{\mathrm{d}f(x)}{\mathrm{d}x}$$

> **注意**
>
> 导数 $f'(x_0)$ 是导函数 $f'(x)$ 在 x_0 处的函数值.

例 3-2 求函数 $y=x^3$ 在 $x=1$ 处的导数 $f'(1)$.

解:当 x 由 1 变到 $1+\Delta x$ 时,函数相应的增量为

$$\Delta y=(1+\Delta x)^3-1^3=3\Delta x+3\Delta x^2+(\Delta x)^3,$$

$$\frac{\Delta y}{\Delta x} = 3 + 3\Delta x + (\Delta x)^2,$$

所以
$$f'(1) = \lim_{\Delta x \to 0} \frac{\Delta y}{\Delta x} = \lim_{\Delta x \to 0} \left[3 + 3\Delta x + (\Delta x)^2 \right] = 3.$$

例 3 - 3　已知 $f'(1) = 2$，求 $\lim_{x \to 0} \dfrac{f(1-2x)-f(1)}{x}$.

解：因为 $f'(1) = \lim_{x \to 0} \dfrac{f(1+x)-f(1)}{x} = 2$，

所以
$$\lim_{x \to 0} \frac{f(1-2x)-f(1)}{x} = -2 \lim_{x \to 0} \frac{f(1-2x)-f(1)}{-2x} = -2f'(1) = -4.$$

同步练习 3.2

1. 基础练习

(1)已知 $\lim\limits_{\Delta x \to 0} \dfrac{f(1-\Delta x)-f(1)}{\Delta x} = 3$，则 $f'(1) = $ _____ .

(2)若 $f(x_0) = 0$，$f'(x_0) = 8$，则极限 $\lim\limits_{\Delta x \to 0} \dfrac{f(x_0 + \Delta x)}{\Delta x} = $ _____ .

(3)设函数 $y = f(x)$ 在 $x = x_0$ 可导，且 $f'(x_0) = 6$，求 $\lim\limits_{\Delta x \to 0} \dfrac{f(x_0)-f(x_0 - \Delta x)}{4\Delta x}$.

2. 进阶练习

(1)设函数 $f(x)$ 在 $x = 0$ 处可导，则 $\lim\limits_{h \to 0} \dfrac{f(2h)-f(-6h)}{h} = ($ 　　).

A. $-4f'(0)$ 　　　　B. $f'(0)$ 　　　　C. $8f'(0)$ 　　　　D. $2f'(0)$

(2)设 $f(x)$ 可导，则 $\lim\limits_{\Delta x \to 0} \dfrac{f^2(x+3\Delta x)-f^2(x)}{\Delta x} = ($ 　　).

A. 0 　　　　B. $6f(x)$ 　　　　C. $2f'(x)$ 　　　　D. $6f(x)f'(x)$

3. 致思空间

小李驾车到朋友家，朋友家离小李家共 150km，耗时 2h，汽车在这段路程的平均速度为 75km/h，但汽车仪表盘上的速度指针却在不停地摆动，这说明什么问题呢？

3.3　基本初等函数的导数

1. 根据定义求函数的导数的步骤

根据导数的定义可以总结出如下求函数导数的步骤.

① 求增量：$\Delta y = f(x + \Delta x) - f(x)$.

② 算比值：$\dfrac{\Delta y}{\Delta x} = \dfrac{f(x + \Delta x) - f(x)}{\Delta x}$.

③ 求极限：$y' = \lim\limits_{\Delta x \to 0} \dfrac{\Delta y}{\Delta x}$.

2. 运用举例

例 3 - 4 求 $y = C$（C 为常数）的导数.

解： 求增量 $\Delta y = C - C = 0$，算比值 $\dfrac{\Delta y}{\Delta x} = 0$，求极限 $\lim\limits_{\Delta x \to 0} \dfrac{\Delta y}{\Delta x} = 0$，所以 $C' = 0$. 即**常数的导数等于零**.

例 3 - 5 求函数 $y = x^n$（$x \in \mathbf{N}^+$）的导数.

解： 求增量 $\Delta y = (x + \Delta x)^n - x^n = nx^{n-1}\Delta x + \dfrac{n(n-1)}{2!}x^{n-2}(\Delta x)^2 + \cdots + (\Delta x)^n$，

算比值 $\dfrac{\Delta y}{\Delta x} = nx^{n-1} + \dfrac{n(n-1)}{2!}x^{n-2}\Delta x + \cdots + (\Delta x)^{n-1}$，

求极限 $\lim\limits_{\Delta x \to 0} \dfrac{\Delta y}{\Delta x} = \lim\limits_{\Delta x \to 0}\left(nx^{n-1} + \dfrac{n(n-1)}{2!}x^{n-2}\Delta x + \cdots + (\Delta x)^{n-1}\right) = nx^{n-1}$，

所以 $y' = nx^{n-1}$，即

$$(x^n)' = nx^{n-1}.$$

> **注意**
>
> 当指数为任意实数时，公式仍成立，即
> $$(x^\mu)' = \mu x^{\mu-1} \quad (\mu \in \mathbf{R}).$$
> 例如：$(\sqrt{x})' = \dfrac{1}{2\sqrt{x}}$，$x' = 1$，$\left(\dfrac{1}{x}\right)' = (x^{-1})' = -\dfrac{1}{x^2}$.

例 3 - 6 求 $f(x) = \sin x$ 的导数.

解： 求增量 $\Delta y = \sin(x + \Delta x) - \sin x$，

算比值 $\dfrac{\Delta y}{\Delta x} = \dfrac{\sin(x + \Delta x) - \sin x}{\Delta x}$，

求极限 $f'(x) = \lim\limits_{\Delta x \to 0} \dfrac{f(x + \Delta x) - f(x)}{\Delta x} = \lim\limits_{\Delta x \to 0} \dfrac{\sin(x + \Delta x) - \sin x}{\Delta x}$

$$= \lim\limits_{\Delta x \to 0} \cos\left(x + \dfrac{\Delta x}{2}\right) \cdot \dfrac{\sin\dfrac{\Delta x}{2}}{\dfrac{\Delta x}{2}} = \cos x,$$

即

$$(\sin x)' = \cos x.$$

用类似方法，可求得

$$(\cos x)' = -\sin x.$$

为了以后的计算方便，在此给出后续课程中需要使用的基本初等函数的导数公式.

3. 基本初等函数的导数公式

(1) $C'=0$（C 为常数）；

(2) $(x^{\mu})'=\mu x^{\mu-1}$（μ 为常数）；

(3) $(a^x)'=a^x\ln a$（$a>0$, $a\neq1$）；

(4) $(\mathrm{e}^x)'=\mathrm{e}^x$；

(5) $(\log_a x)'=\dfrac{1}{x\ln a}$（$a>0$, $a\neq1$）；

(6) $(\ln x)'=\dfrac{1}{x}$；

(7) $(\sin x)'=\cos x$；

(8) $(\cos x)'=-\sin x$；

(9) $(\tan x)'=\sec^2 x$；

(10) $(\cot x)'=-\csc^2 x$；

(11) $(\sec x)'=\sec x\tan x$；

(12) $(\csc x)'=-\csc x\cot x$；

(13) $(\arcsin x)'=\dfrac{1}{\sqrt{1-x^2}}$；

(14) $(\arccos x)'=-\dfrac{1}{\sqrt{1-x^2}}$；

(15) $(\arctan x)'=\dfrac{1}{1+x^2}$；

(16) $(\operatorname{arccot} x)'=-\dfrac{1}{1+x^2}$.

同步练习 3.3

1. 基础练习

求下列函数的导数.

(1) $y=x^9$；

(2) $y=\sqrt[3]{x}$；

(3) $y=\dfrac{x}{\sqrt{x}}$；

(4) $y=\dfrac{1}{x^2}$；

(5) $y=3^x$；

(6) $y=\left(\dfrac{1}{7}\right)^x$；

(7) $y=2^x\cdot6^x$；

(8) $y=\lg x$；

(9) $y=\log_5 x$.

2. 进阶练习

求下列函数的导数.

(1) $y=x^3\sqrt[5]{x}$；

(2) $y=4^x\cdot2^x$；

(3) $y=\dfrac{x^2\sqrt[3]{x^2}}{\sqrt{x^3}}$；

(4) $y=\ln(9x)-\ln9$.

3. 致思空间

求导法则是许多数学家前仆后继，经过无数年刻苦研究出来的，请查阅相关资料，了解求导法则提出的时间和背后的故事.

3.4 导数的几何意义

案例 3-1 函数的切线与法线在实际生活中有很多应用，如高台滑雪运动员飞出方向、舰载机起飞的方向、标枪投掷的方向等，都用到了函数的切线，那应该如何求解函数 $y=f(x)$ 在 x_0 的切线方程呢？

分析：通过讨论可知，函数 $y=f(x)$ 在 x_0 的导数 $f'(x_0)$ 的几何意义是，$f'(x_0)$ 是曲线 $y=f(x)$ 在点 $(x_0, f(x_0))$ 处切线的斜率（见图 3-3），即 $f'(x_0)=k$.

因此可以根据直线点斜式方程分别写出过该点的切线方程和法线方程.

切线方程：$y-f(x_0)=f'(x_0)(x-x_0)$.

法线方程：$y-f(x_0)=-\dfrac{1}{f'(x_0)}(x-x_0)$.

例 3-7 求方程 $y=x^2+3x$ 在点 $(3, 18)$ 处的切线方程.

解：$y'=2x+3$，$k_{切}=(2x+3)|_{x=3}=9$，切线方程为 $y-18=9(x-3)$.

整理得：$9x-y-9=0$.

例 3-8 求方程 $y=e^x$ 在点 $(1, e)$ 处的法线方程.

解：$y'=e^x$，$k_{切}=y'|_{x=1}=e^x|_{x=1}=e$，$k_{法}=-\dfrac{1}{e}$，

所以，法线方程 $y-e=-\dfrac{1}{e}(x-1)$. 整理得：$x+ey-e^2-1=0$.

例 3-9 求双曲线 $y=\dfrac{1}{x}$ 在点 $\left(\dfrac{1}{2}, 2\right)$ 处的切线的斜率，并写出在该点的切线方程和法线方程.

解：根据导数的几何意义知，所求的切线的斜率 $k_{切}$ 为

$$k_{切}=y'|_{\frac{1}{2}}=\left(\dfrac{1}{x}\right)'\Big|_{\frac{1}{2}}=-\dfrac{1}{x^2}\Big|_{\frac{1}{2}}=-4.$$

所以切线方程为

$$y-2=-4\left(x-\dfrac{1}{2}\right),$$

即

$$4x+y-4=0.$$

法线方程为

$$y-2=\dfrac{1}{4}\left(x-\dfrac{1}{2}\right),$$

即

$$2x-8y+15=0.$$

同步练习 3.4

1. 基础练习

（1）曲线 $y=\ln x$ 在哪一点的切线平行于直线 $y=2x-3$？（ ）

A. $\left(\dfrac{1}{2}, -\ln 2\right)$ B. $\left(\dfrac{1}{2}, -\ln\dfrac{1}{2}\right)$ C. $(2, \ln 2)$ D. $(2, -\ln 2)$

(2)曲线 $y = x^3 - 3x$ 上切线平行于 x 轴的点是( )．

A. $(0,0)$ B. $(-2,-2)$ C. $(-1,2)$ D. $(2,2)$

(3)求曲线 $y = 5^x$ 在点 $(0,1)$ 处的切线方程和法线方程．

(4)求曲线 $y = x^2 - x + 4$ 在点 $(1,4)$ 处的切线方程和法线方程．

2. 进阶练习

(1)已知 $f(x)$ 为可导的偶函数，且 $\lim\limits_{x \to 0} \dfrac{f(3+x)-f(3)}{x} = -2$，则曲线 $y = f(x)$ 在点 $(-3,6)$ 处的切线方程是( )．

A. $y = 4x - 6$ B. $y = -2x$ C. $y = 4x + 6$ D. $y = 2x + 12$

(2)求曲线 $y = \ln x$ 在点 $(e,1)$ 处的切线的斜率，并求出切线方程和法线方程．

(3)曲线 $y = x^2$ 上的一点，这点处的切线平行于曲线上过点 $x_1 = 1$，$x_2 = 2$ 连线，试求该点的坐标和过该点的切线方程与法线方程．

(4)求曲线 $y = 2x^3 + x$ 上，其切线与直线 $y = 7x$ 平行的点．

(5)在曲线 $y = \dfrac{1}{\sqrt{x}}$ 上求一点，使得在该点处的法线斜率为 2．

3. 致思空间

女子跳台滑雪的关键是最后阶段沿跳台切线方向飞出(见图 3-4)，已知某跳台函数为 $y = -x^2 + 4x + 9$，求当 $x = 4$ 时跳台的切线方程．

图 3-4

3.5 左右导数

案例 3-2 在运动员、志愿者、火炬手的入场服、领奖服运输过程中，物流公司按照不同重量的物品收费，设某物流公司收费标准如下．

$$y = \begin{cases} 14, & x \leqslant 1 \\ 14 + 2x, & x > 1 \end{cases},$$

求 $x = 1$ 时物流收费标准变化率．

分析：因为物流公司针对不同重量的物品收费标准不同，故需要分别讨论 $x = 1$ 时的物流收费标准变化率．

若 $x > 1$,

$$\lim_{\Delta x \to 0^+} \frac{f(1 + \Delta x) - f(1)}{\Delta x} = \lim_{\Delta x \to 0^+} \frac{14 + 2\Delta x - 14}{\Delta x} = \lim_{\Delta x \to 0^+} \frac{2\Delta x}{\Delta x} = 2;$$

若 $x \leqslant 1$,

$$\lim_{\Delta x \to 0^-} \frac{f(1 + \Delta x) - f(1)}{\Delta x} = \lim_{\Delta x \to 0^-} \frac{14 - 14}{\Delta x} = \lim_{\Delta x \to 0^-} \frac{0}{\Delta x} = 0.$$

故当物品重量小于 1 与大于 1 时, 物流公司收费标准变化率不相同.

定义 1 若 $\lim\limits_{\Delta x \to 0^+} \dfrac{\Delta y}{\Delta x} = \lim\limits_{\Delta x \to 0^+} \dfrac{f(x_0 + \Delta x) - f(x_0)}{\Delta x} = \lim\limits_{x \to x_0^+} \dfrac{f(x) - f(x_0)}{x - x_0}$ 存在, 则称其为

函数 $f(x)$ 在 x_0 处的**右导数**, 记作 $f'_+(x_0)$;

若 $\lim\limits_{\Delta x \to 0^-} \dfrac{\Delta y}{\Delta x} = \lim\limits_{\Delta x \to 0^-} \dfrac{f(x_0 + \Delta x) - f(x_0)}{\Delta x} = \lim\limits_{x \to x_0^-} \dfrac{f(x) - f(x_0)}{x - x_0}$ 存在, 则称其为函数 $f(x)$ 在

x_0 处的**左导数**, 记作 $f'_-(x_0)$.

> **注意**
>
> 函数 $f(x)$ 在 x_0 处导数存在的充要条件是在 x_0 处的**左、右导数存在且相等**.

例 3 - 10 求函数 $f(x) = |x|$ 在 $x = 0$ 处的导数.

解: $\lim\limits_{h \to 0} \dfrac{f(0 + h) - f(0)}{h} = \lim\limits_{h \to 0} \dfrac{|h| - 0}{h} = \lim\limits_{h \to 0} \dfrac{|h|}{h}$,

当 $h < 0$ 时 $\dfrac{|h|}{h} = -1$, 故 $\lim\limits_{h \to 0^-} \dfrac{|h|}{h} = -1$,

当 $h > 0$ 时 $\dfrac{|h|}{h} = 1$, 故 $\lim\limits_{h \to 0^+} \dfrac{|h|}{h} = 1$,

即 $f'_-(0)$ 与 $f'_+(0)$ 不相等, 故 $f'(0)$ 不存在, 即函数 $f(x) = |x|$ 在 $x = 0$ 处不可导.

例 3 - 11 已知 $f(x) = \begin{cases} x^2 - 3x, & x \geqslant 0 \\ x^3 + 4x, & x < 0 \end{cases}$, 求 $f'(0)$.

解: $f'_+(0) = \lim\limits_{h \to 0^+} \dfrac{f(0 + h) - f(0)}{h} = \lim\limits_{h \to 0^+} \dfrac{h^2 - 3h - 0}{h} = -3$,

$f'_-(0) = \lim\limits_{h \to 0^-} \dfrac{f(0 + h) - f(0)}{h} = \lim\limits_{h \to 0^-} \dfrac{h^3 + 4h}{h} = 4$,

因为 $f'_+(0) \neq f'_-(0)$, 所以 $f'(0)$ 不存在.

例 3 - 12 设 $f(x) = \begin{cases} \sin\dfrac{1 - x}{3} + 2, & x < 1 \\ ax + b, & x \geqslant 1 \end{cases}$, 问 a、b 取何值时 $f(x)$ 在 $(-\infty, +\infty)$

内可导?

解: 如果 $f(x)$ 在 $x = 1$ 处可导, 那么函数 $y = f(x)$ 在 $x = 1$ 处连续, 则有

$$\lim_{x \to 1^+} f(x) = \lim_{x \to 1^+} (ax + b) = a + b,$$

$$\lim_{x \to 1^-} f(x) = \lim_{x \to 1^-} (\sin\frac{1-x}{3} + 2) = 2,$$

$$f(1) = a + b.$$

要使 $f(x)$ 在 $x=1$ 处连续，必须有 $a+b=2$.

因为

$$f'_+(1) = \lim_{x \to 1^+} \frac{f(x)-f(1)}{x-1} = \lim_{x \to 1^+} \frac{(ax+b)-(a+b)}{x-1} = a,$$

$$f'_-(1) = \lim_{x \to 1^-} \frac{f(x)-f(1)}{x-1} = \lim_{x \to 1^-} \frac{\sin\frac{1-x}{3} + 2 - (a+b)}{x-1} = \lim_{x \to 1^-} \frac{\sin\frac{1-x}{3}}{x-1} = -\frac{1}{3},$$

要使 $f(x)$ 在 $x=1$ 处可导，则 $a = -\frac{1}{3}$,

故 $a = -\frac{1}{3}$, $b = \frac{7}{3}$.

同步练习 3.5

1. 基础练习

(1)判断题

①因为函数 $f(x) = |x-3|$ 在 $x=3$ 处连续，所以 $f(x)$ 在 $x=3$ 处可导.（　　）

②函数 $f(x)$ 在 x_0 处可导的充要条件是左、右导数存在且相等.（　　）

(2)已知 $f(x) = \begin{cases} 1-x, & x \geqslant 0 \\ x, & x < 0 \end{cases}$，求 $f'_+(0)$, $f'_-(0)$, $f'(0)$.

(3)讨论下列函数在 $x=0$ 处的可导性.

① $y = \begin{cases} -x^3, & x < 0 \\ x, & x \geqslant 0 \end{cases}$;　　　② $y = \begin{cases} e^x + 3x, & x < 0 \\ 2x + 4, & x \geqslant 0 \end{cases}$.

2. 进阶练习

(1)若 $f(x) = \begin{cases} \dfrac{2}{3}x^3, & x \leqslant 1 \\ x^4, & x > 1 \end{cases}$，则 $f(x)$ 在 $x=1$ 处（　　）.

A. 左、右导数都存在　　　　　　　　B. 左导数存在，但右导数不存在

C. 右导数存在，但左导数不存在　　　D. 左、右导数都不存在

(2)判断函数 $f(x) = \begin{cases} \sin 2x, & x > 0 \\ x^3, & x \leqslant 0 \end{cases}$ 在 $x=0$ 处是否可导.

(3)若函数 $y = \begin{cases} x^2, & x \geqslant 3 \\ ax - b, & x < 3 \end{cases}$ 在 $x=3$ 处可导，求 a,b 的值.

3. 致思空间

某水产养殖户进行草鱼养殖，已知每千克草鱼养殖成本为 6 元，在 80 天的销售旺季里，销售单价 p（元/千克）与时间第 t 天之间的函数关系为

$$p=\begin{cases}\dfrac{1}{4}t+16, & 1\leqslant t\leqslant 40,\ t\text{ 为整数}\\[2mm] -\dfrac{1}{2}t+46, & 40<t\leqslant 80,\ t\text{ 为整数}\end{cases},$$

求 $t=40$ 时草鱼价格的实时增长率．

3.6 微分的概念

案例 3 – 3 一块正方形金属薄片受温度变化的影响，其边长由 x_0 变为 $x_0+\Delta x(\Delta x\neq 0)$，如图 3 – 5 所示，问此薄片的面积改变了多少？

分析：设正方形的边长为 x，面积为 S，则有 $S=x^2$．因此，当薄片受温度变化的影响时面积改变量可以看成当自变量 x 由 x_0 变为 $x_0+\Delta x(\Delta x\neq 0)$ 时，函数 $S=x^2$ 相应的改变量 ΔS．即 $\Delta S=(x_0+\Delta x)^2-x_0^2=2x_0\Delta x+(\Delta x)^2$．

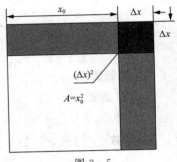

图 3 – 5

从上式可以看出，ΔS 由两部分构成：

（1）$2x_0\Delta x$ 是 Δx 的线性函数，也称线性主部；

（2）$(\Delta x)^2$，当 $\Delta x\rightarrow 0$ 时，$(\Delta x)^2$ 是 Δx 的高阶无穷小，是 ΔS 的次要部分．

于是，当 $|\Delta x|$ 很小时，面积 S 的增量 ΔS 可以近似地用其线性主部 $2x_0\Delta x$ 来代替，即 $\Delta S\approx 2x_0\Delta x$．

设函数 $y=f(x)$ 在 x_0 处可导，当自变量 x 在 x_0 处有增量 Δx 时，则 $f'(x_0)\cdot\Delta x$ 称为函数 $y=f(x)$ 在 x_0 处的微分，记为 $\mathrm{d}y\,|_{x=x_0}$，即

$$\mathrm{d}y\,|_{x=x_0}=f'(x_0)\Delta x.$$

因为 $y=x$ 在 x_0 处的微分 $\mathrm{d}y=x'\,|_{x=x_0}\Delta x=\Delta x=\mathrm{d}x$，所以微分经常写成

$$\mathrm{d}y\,|_{x=x_0}=f'(x_0)\mathrm{d}x.$$

类似导函数，函数 $y=f(x)$ 有微分，记为 $\mathrm{d}y$，即 $\mathrm{d}y=f'(x)\mathrm{d}x$．

例 3 – 13 当 $x=3$ 和 $\Delta x=0.0002$ 时求函数 $y=x^2$ 的微分．

解：$\mathrm{d}y=(x^2)'\Delta x=2x\Delta x$，

当 $x=3$ 和 $\Delta x=0.0002$ 时的微分为

$$\mathrm{d}y\,|_{\substack{x=3\\\Delta x=0.0002}}=2x\Delta x\,|_{\substack{x=3\\\Delta x=0.0002}}=0.0012.$$

例 3 – 14 当 $x=2$，$\Delta x=0.02$ 时求函数 $y=x^3$ 的微分．

解：先求函数在任意 x 的微分，

$$\mathrm{d}y=(x^3)'\Delta x=3x^2\Delta x,$$

再求函数当 $x=2$，$\Delta x=0.02$ 时的微分，

$$\mathrm{d}y\,\Big|_{\substack{x=2 \\ \Delta x=0.02}} = 3x^2 \Delta x\,\Big|_{\substack{x=2 \\ \Delta x=0.02}} = 3 \cdot 2^2 \cdot 0.02 = 0.24.$$

同步练习 3.6

1. 基础练习

(1)已知 $y=x^3-2x$，计算在 $x=2$ 处，当 Δx 分别等于 1、0.1、0.01 时的 Δy 及 $\mathrm{d}y$.

(2)求函数 $y=\mathrm{e}^x+x$ 在 $x=0$ 与 $x=6$ 处的微分.

2. 进阶练习

函数 $f(x)=x^4$ 在 x_0 处有增量 $\Delta x=0.01$，对应函数值增量的线性主部为 0.32，则 $x_0=(\quad)$

A. 2   B. -2 C. 0.2   D. -0.2

3. 致思空间

在生产实践中，经常要测量各种数据，但是有些数据不易直接测量，这时可以通过测量其他相关数据进行数据推导，试举例说明生活中类似现象蕴含的数学知识.

学习任务二 导数的计算

3.7 导数的四则运算法则

求函数导数的运算是微积分的基本运算，前面的课程已根据导数的定义求出了一些简单函数的导数，对于复杂函数的求导，如果直接利用导数的定义进行求解，显然非常困难. 从本节开始，将介绍一些求导法则，借助这些法则，就可以比较方便地求出初等函数的导数.

微课
导数的四则运算法则

设函数 $u=u(x)$，$v=v(x)$ 在 x 处可导，则函数 $u\pm v$，uv，$\dfrac{u}{v}$ （$v\neq 0$）在 x 处也可导，并且

(1) $[u\pm v]'=u'\pm v'$；

(2) $[uv]'=u'v+uv'$；

(3) $\left[\dfrac{u}{v}\right]'=\dfrac{u'v-uv'}{v^2}$.

注 1：$[Cf(x)]'=Cf'(x)$，由此可得

$$[sf(x)+tg(x)]'=sf'(x)+tg'(x)\,(s,t\text{ 为常数}).$$

注 2：求导公式(1)和(2)可推广到有限个函数的情形.

$$(u+v-w)'=u'+v'-w',$$
$$(uvw)'=u'vw+uv'w+uvw'.$$

例 3 - 15 求函数 $y = \sqrt{x} + \ln x - e^9$ 的导数.

解： $y' = (\sqrt{x} + \ln x - e^9)'$

$\qquad = (\sqrt{x})' + (\ln x)' - (e^9)'$

$\qquad = \dfrac{1}{2\sqrt{x}} + \dfrac{1}{x}.$

例 3 - 16 求函数 $y = x^4 + 3\tan x - \sin\dfrac{\pi}{6}$ 的导数.

解： $y' = (x^4)' + (3\tan x)' - \left(\sin\dfrac{\pi}{6}\right)'$

$\qquad = 4x^3 + 3\sec^2 x.$

例 3 - 17 求函数 $y = x\ln x + 3\arctan x$ 的导数.

解： $y' = (x\ln x + 3\arctan x)'$

$\qquad = x'\ln x + x(\ln x)' + 3(\arctan x)'$

$\qquad = \ln x + 1 + \dfrac{3}{1+x^2}.$

例 3 - 18 求函数 $y = 6x\,e^x\cos x$ 的导数.

解： $y' = 6e^x\cos x + 6x\,e^x\cos x - 6x\,e^x\sin x$

$\qquad = 6e^x(\cos x + x\cos x - x\sin x).$

例 3 - 19 已知函数 $y = \dfrac{\sin x}{5x}$，求 y'.

解： $y' = \left(\dfrac{\sin x}{5x}\right)'$

$\qquad = \dfrac{(\sin x)'5x - \sin x\,(5x)'}{25x^2}$

$\qquad = \dfrac{x\cos x - \sin x}{5x^2}.$

例 3 - 20 求函数 $y = \dfrac{8\cot x}{1+\cos x}$ 的导数.

解： $y' = \dfrac{(8\cot x)'(1+\cos x) - 8\cot x(1+\cos x)'}{(1+\cos x)^2}$

$\qquad = \dfrac{-8\csc^2 x(1+\cos x) - 8\cot x(-\sin x)}{(1+\cos x)^2}$

$\qquad = \dfrac{8\cot x\sin x - 8\csc^2 x(1+\cos x)}{(1+\cos x)^2}.$

同步练习 3.7

1. 基础练习

求下列函数的导数.

(1) $y = 3x^2 + 2$;

(2) $y = 2\ln x - 5\arcsin x + 1$;

(3) $y = x(x^3 + 6)$;

(4) $y = 2\sqrt{x} - \dfrac{1}{x} + \sqrt[4]{3}$;

(5) $y = 2\sin x - \csc x + \ln 7$;

(6) $y = 9x\tan x - 2^x$;

(7) $y = x^3 + 4\cos x - 2\arcsin x$;

(8) $y = 3x^2 \cos x$.

2. 进阶练习

求下列函数的导数.

(1) $y = 8e^x \sec x$;

(2) $y = x\ln x \, e^x$;

(3) $y = \dfrac{x^2 + 1}{\arctan x}$;

(4) $y = \dfrac{x-1}{x^2}$;

(5) $y = \dfrac{2\cos x}{\sin x + 1}$;

(6) $y = \dfrac{x^3 + 2x^2 + x}{x^2}$.

3. 致思空间

小李最近刚购买崭新轿车一辆,准备国庆驾车去朋友家做客. 小李匀速行驶在去往朋友家的路上,在驾驶过程中,如果车辆每小时耗油 lL,匀速驾驶轿车的速度为 k km/h,已知油耗与速度之间的关系式为 $l = \dfrac{1}{12800}k^2 - \dfrac{3}{80}k + 8$. 道路规定汽车行驶速度最高不得超过 120km/h. 如果小李到朋友家距离 100km,那么小李在路途中应该保持多少的速度才能有效控制油耗,而且油耗最低可以达到多少?

3.8 初等函数的微分法则

由导数公式、求导法则和微分定义,可得微分公式和微分法则.

1. 微分公式

(1) $d(C) = 0$ (C 为常数);

(2) $d(x^\mu) = \mu x^{\mu-1} dx$ (μ 为常数);

(3) $d(a^x) = a^x \ln a \, dx$ ($a > 0, a \neq 1$);

(4) $d(e^x) = e^x dx$;

(5) $d(\log_a x) = \dfrac{1}{x \ln a} dx$ ($a > 0, a \neq 1$);

(6) $d(\ln x) = \dfrac{1}{x} dx$;

(7) $d(\sin x) = \cos x \, dx$;

(8) $d(\cos x) = -\sin x \, dx$;

(9) $d(\tan x) = \sec^2 x \, dx$;

(10) $d(\cot x) = -\csc^2 x \, dx$;

(11) $d(\sec x) = \sec x \cdot \tan x \, dx$;

(12) $d(\csc x) = -\csc x \cdot \cot x \, dx$;

(13)$\mathrm{d}(\arcsin x)=\dfrac{1}{\sqrt{1-x^2}}\mathrm{d}x$; (14)$\mathrm{d}(\arccos x)=-\dfrac{1}{\sqrt{1-x^2}}\mathrm{d}x$;

(15)$\mathrm{d}(\arctan x)=\dfrac{1}{1+x^2}\mathrm{d}x$; (16)$\mathrm{d}(\mathrm{arccot} x)=-\dfrac{1}{1+x^2}\mathrm{d}x$.

2. 微分法则

设 $u=u(x)$ 及 $v=v(x)$ 都是关于 x 的可导函数，则

(1)$\mathrm{d}(u\pm v)=\mathrm{d}u\pm\mathrm{d}v$; (2)$\mathrm{d}(Cu)=C\mathrm{d}u$（$C$ 为常数）;

(3)$\mathrm{d}(uv)=v\mathrm{d}u+u\mathrm{d}v$; (4)$\mathrm{d}\left(\dfrac{u}{v}\right)=\dfrac{v\mathrm{d}u-u\mathrm{d}v}{v^2}$（其中 $v\neq 0$）.

例 3 - 21 设 $y=x^3+2\csc x+\mathrm{e}^6$，求 $\mathrm{d}y$.

解： $\mathrm{d}y=f'(x)\mathrm{d}x=(x^3+2\csc x+\mathrm{e}^6)'\mathrm{d}x=(3x^2-2\csc x\cot x)\mathrm{d}x$.

设 $y=f(u)$，$u=g(x)$，且函数 g 在 x 处可导，函数 f 在 u 处可导，则 $\mathrm{d}y=f'(u)g'(x)\mathrm{d}x$，由于 $g'(x)\mathrm{d}x=\mathrm{d}u$，故

$$\mathrm{d}y=f'(u)\mathrm{d}u.$$

注意当 u 是自变量时，函数 $y=f(u)$ 的微分 $\mathrm{d}y$ 也具有上述形式，因此，不管 u 是自变量还是因变量，上式的右端总表示函数的微分，这一性质称为**微分形式不变性**.

例 3 - 22 设 $y=\sin(2x+1)$，求 $\mathrm{d}y$.

解： 应用微分形式不变性可得 $y=\sin u$，$u=2x+1$，

$$\begin{aligned}\mathrm{d}y &=\cos u\,\mathrm{d}u\\ &=\cos(2x+1)\mathrm{d}(2x+1)\\ &=2\cos(2x+1)\mathrm{d}x.\end{aligned}$$

例 3 - 23 设 $y=x\tan 3x+9$，求 $\mathrm{d}y$.

解： $y'=\tan 3x+3x\sec^2 3x$，$\mathrm{d}y=(\tan 3x+3x\sec^2 3x)\mathrm{d}x$.

同步练习 3.8

1. 基础练习

求下列函数的微分.

(1)$y=3x+2\sqrt{x}$; (2)$y=5x\arcsin x$;

(3)$y=\dfrac{3x}{x^2+1}$; (4)$y=\ln^2(1-x)$.

2. 进阶练习

(1)函数 $y=\mathrm{e}^{\sin^2 x}$ 的微分 $\mathrm{d}y=$ _____.

(2)函数 $y=\mathrm{e}^{6x}\cot 5x$ 的微分 $\mathrm{d}y=$ _____.

（3）函数 $y=\arcsin\sqrt{1-x^2}$ 的微分 $\mathrm{d}y=$ _____.

（4）函数 $y=\dfrac{\ln 8x}{x}$ 的微分 $\mathrm{d}y=$ _____.

（5）函数 $y=\ln\sqrt{2-x^3}$ 的微分 $\mathrm{d}y=$ _____.

3. 致思空间

假设在生产 8 台到 30 台散热器的情况下，生产 x 台散热器的成本为 $c(x)=x^3-6x^2+15x$（元），而售出 x 台散热器的收入为 $r(x)=x^3-3x^2+12x+1$（元），工厂目前每天生产 10 台散热器，每天多生产 1 台散热器的成本为多少？试估计每天售出 11 台散热器的利润.

3.9　复合函数的求导法则

学习了基本初等函数的求导公式以及求导法则，我们可以求一些较复杂的初等函数的导数. 但是，在初等函数的构成过程中，除了四则运算，还有复合函数形式，如 $y=\sin 2x$.

思考： 如果 $y=\sin 2x$，是否有 $(\sin 2x)'=\cos 2x$.

设 $y=f(u)$，$u=\varphi(x)$，且 $y=f(u)$ 与 $u=\varphi(x)$ 都可导，函数 $y=f(u)$ 在 u 处可导，则复合函数 $y=f[\varphi(x)]$ 在 x 处也有导数，且

微课

复合函数的求导法则

$$\frac{\mathrm{d}y}{\mathrm{d}x}=f'(u)\cdot\varphi'(x),$$

或
$$y'_x=y'_u\cdot u'_x,$$

或
$$\frac{\mathrm{d}y}{\mathrm{d}x}=\frac{\mathrm{d}y}{\mathrm{d}u}\cdot\frac{\mathrm{d}u}{\mathrm{d}x},$$

其中 u 为中间变量.

复合函数的求导法则也称链式法则，该法则可以推广到多次复合的情形.

例如设 $y=f(u)$，$u=\varphi(v)$，$v=\psi(x)$，则复合函数 $y=f\{\varphi[\psi(x)]\}$ 的导数为

$$\frac{\mathrm{d}y}{\mathrm{d}x}=\frac{\mathrm{d}y}{\mathrm{d}u}\cdot\frac{\mathrm{d}u}{\mathrm{d}v}\cdot\frac{\mathrm{d}v}{\mathrm{d}x}.$$

例 3 - 24　求函数 $y=\sin^2 x$ 的导数 y'.

解： $y=\sin^2 x$ 可看作由 $y=u^2$，$u=\sin x$ 复合而成，因此

$$y'=(u^2)'\cdot(\sin x)'=2u\cdot\cos x=2\sin x\cos x.$$

例 3 - 25　已知函数 $y=\mathrm{e}^{1-x^3}$，求 $\dfrac{\mathrm{d}y}{\mathrm{d}x}$.

解： $y=\mathrm{e}^{1-x^3}$ 是由 $y=\mathrm{e}^u$，$u=1-x^3$ 复合而成的，因此

$$\frac{\mathrm{d}y}{\mathrm{d}x}=\frac{\mathrm{d}y}{\mathrm{d}u}\cdot\frac{\mathrm{d}u}{\mathrm{d}x}=\mathrm{e}^u\cdot(-3x^2)=-3x^2\mathrm{e}^{1-x^3}.$$

例 3 - 26 已知函数 $y = \cos\dfrac{4x}{1+x^2}$，求 y'．

解： $y' = -\sin\dfrac{4x}{1+x^2} \cdot \left(\dfrac{4x}{1+x^2}\right)'$

$\qquad = -\sin\dfrac{4x}{1+x^2} \cdot \dfrac{4(1+x^2)-8x^2}{(1+x^2)^2}$

$\qquad = -\dfrac{4(1-x^2)}{(1+x^2)^2}\sin\dfrac{4x}{1+x^2}.$

例 3 - 27 已知函数 $y = e^{\arctan(\sin 7x)}$，求 y'．

解： $y' = e^{\arctan(\sin 7x)}(\arctan(\sin 7x))'$

$\qquad = e^{\arctan(\sin 7x)}\dfrac{1}{1+\sin^2 7x}(\sin 7x)'$

$\qquad = \dfrac{7\cos 7x \, e^{\arctan(\sin 7x)}}{1+\sin^2 7x}.$

例 3 - 28 已知函数 $y = 2^{x\tan 3x}$，求 y'．

解： $y' = 2^{x\tan 3x}\ln 2 \, (x\tan 3x)'$

$\qquad = 2^{x\tan 3x}\ln 2[x'\tan 3x + x(\tan 3x)']$

$\qquad = 2^{x\tan 3x}\ln 2(\tan 3x + 3x\sec^2 3x).$

例 3 - 29 求函数 $y = f\left(\dfrac{6}{x}\right)$ 的导数．

解： $y' = f'\left(\dfrac{6}{x}\right)\left(\dfrac{6}{x}\right)' = -f'\left(\dfrac{6}{x}\right)\dfrac{6}{x^2}.$

同步练习 3.9

1. 基础练习

求下列函数的导数．

(1) $y = \cos^3 4x$；

(2) $y = \sec(\ln x)$；

(3) $y = \sin\dfrac{2x}{1+x^2}$；

(4) $y = \arctan(2-x^3)$；

(5) $y = \sqrt[3]{1-6x^2}$；

(6) $y = \ln(\sin e^x)$．

2. 进阶练习

求下列函数的导数．

(1) $y = \csc(2x^3 - 3x)$；

(2) $y = (x^5 + x^3 + 1)^n$；

(3) $y = \ln\cos^2 x$；

(4) $y = \ln\cos x^2$；

(5) $y = \ln(x + \sqrt{1+x^2})$；

(6) $y = \sqrt{x + \sqrt{x}}$；

(7) $y = \cos^2\dfrac{t}{2}$；

(8) $y = t^3\sin^2\dfrac{t}{2}$；

(9)设 $y=g(e^x)e^{g(x)}$，且 $g'(x)$ 存在，则 $y'=($ $)$.

A. $g'(e^x)e^{g(x)}+g(e^x)e^{g(x)}$

B. $g'(e^x)e^{g(x)}g'(x)$

C. $g'(e^x)e^{g(x)}e^x$

D. $[g'(e^x)e^x+g(e^x)g'(x)]e^{g(x)}$

3. 致思空间

在传播学中，有这样一个规律：媒介的传播符合函数关系 $p(t)=\dfrac{1}{1+me^{-nt}}$. 其中，$p(t)$ 是 t 时刻人群中知道传播内容的人数比例，m 和 n 为正数. 请求出媒介传播的速率.

3.10 高阶导数

路程关于时间的函数 $s=s(t)$ 的一阶导数反映的是运动物体的瞬时速度，而二阶导数反映的是运动物体的加速度.

如果函数 $y'=f'(x)$ 的导数仍是可导函数，称 $y'=f'(x)$ 为函数 $y=f(x)$ 的一阶导数. 称 $f'(x)$ 的导数是函数 $y=f(x)$ 的二阶导数，记作 y''，$f''(x)$，$\dfrac{\mathrm{d}^2y}{\mathrm{d}x^2}$.

类似地，二阶导数 $y''=f''(x)$ 的导数称为函数 $y=f(x)$ 的三阶导数，记作 y'''，$f'''(x)$，$\dfrac{\mathrm{d}^3y}{\mathrm{d}x^3}$；三阶导数 $y'''=f'''(x)$ 的导数称为函数 $y=f(x)$ 的四阶导数，记作 $y^{(4)}$，$f^{(4)}(x)$，$\dfrac{\mathrm{d}^4y}{\mathrm{d}x^4}$.

一般地，函数 $y=f(x)$ 的 $(n-1)$ 阶导数的导数，称为函数 $y=f(x)$ 的 n 阶导数，记作 $y^{(n)}$，$f^{(n)}(x)$，$\dfrac{\mathrm{d}^ny}{\mathrm{d}x^n}$.

二阶及二阶以上的导数统称为**高阶导数**.

例 3-30 已知函数 $y=\arctan x$，求其三阶导数.

解： $y'=\dfrac{1}{1+x^2}$，$y''=\left(\dfrac{1}{1+x^2}\right)'=\dfrac{-2x}{(1+x^2)^2}$，

$$y'''=\left[\dfrac{-2x}{(1+x^2)^2}\right]'=-\dfrac{(2x)'(1+x^2)^2-2x[(1+x^2)^2]'}{[(1+x^2)^2]^2}=\dfrac{6x^2-2}{(1+x^2)^3}.$$

例 3-31 已知函数 $y=\ln(3+x)$，求其各阶导数.

解： $y=\ln(3+x)$，$y'=\dfrac{1}{3+x}$，$y''=-\dfrac{1}{(3+x)^2}$，$y'''=\dfrac{1\cdot2}{(3+x)^3}$，

$$y^{(4)}=-\dfrac{1\cdot2\cdot3}{(3+x)^4}，\cdots$$

一般地，有 $y^{(n)}=(-1)^{n-1}\dfrac{(n-1)!}{(3+x)^n}$，即

$$(\ln(3+x))^{(n)}=(-1)^{n-1}\dfrac{(n-1)!}{(3+x)^n}.$$

例 3 – 32 已知函数 $y = x^{\mu}$，μ 为任意常数，求其各阶导数.

解： $y = x^{\mu}$，$y' = \mu x^{\mu-1}$，$y'' = \mu(\mu-1)x^{\mu-2}$，$y''' = \mu(\mu-1)(\mu-2)x^{\mu-3}$，

$$y^{(4)} = \mu(\mu-1)(\mu-2)(\mu-3)x^{\mu-4}.$$

一般地，　　　　　　　$y^{(n)} = \mu(\mu-1)(\mu-2)\cdots(\mu-n+1)x^{\mu-n}$，

即　　　　　　　$(x^{\mu})^{(n)} = \mu(\mu-1)(\mu-2)\cdots(\mu-n+1)x^{\mu-n}.$

当 $\mu = k$ 为正整数时，

若 $n < k$，则 $(x^k)^{(n)} = k(k-1)(k-2)\cdots(k-n+1)x^{k-n}$；

若 $n = k$，则 $(x^k)^{(n)} = k!\ (=n!)$；

若 $n > k$，则 $(x^k)^{(n)} = 0.$

注意

例 3 – 32 中，所得的结论是幂函数的高阶导数公式，可直接作为公式应用.

例 3 – 33 求正弦函数与余弦函数的 n 阶导数.

解： $y = \sin x$，

$$y' = \cos x = \sin\left(x + \frac{\pi}{2}\right),$$

$$y'' = \cos\left(x + \frac{\pi}{2}\right) = \sin\left(x + \frac{\pi}{2} + \frac{\pi}{2}\right) = \sin\left(x + 2 \cdot \frac{\pi}{2}\right),$$

$$y''' = \cos\left(x + 2 \cdot \frac{\pi}{2}\right) = \sin\left(x + 3 \cdot \frac{\pi}{2}\right),$$

$$y^{(4)} = \cos\left(x + 3 \cdot \frac{\pi}{2}\right) = \sin\left(x + 4 \cdot \frac{\pi}{2}\right),$$

一般地，可得

$$y^{(n)} = \sin\left(x + n \cdot \frac{\pi}{2}\right),$$

即　　　　　　　　$$(\sin x)^{(n)} = \sin\left(x + n \cdot \frac{\pi}{2}\right).$$

用类似方法，可得

$$(\cos x)^{(n)} = \cos\left(x + n \cdot \frac{\pi}{2}\right).$$

同步练习 3. 10

1. 基础练习

(1)求下列函数的二阶导数.

① $y = 2x^7 + \ln x$；　　　　　② $y = e^{2t-1}$；

③ $y = x\csc x$；　　　　　　④ $y = e^{-t}\sin t$；

⑤ $y=\sqrt{6-x^2}$；　　　　　　　　　⑥ $y=\ln(3x^2-5)$；

⑦ $y=\tan x$；　　　　　　　　　　⑧ $y=\dfrac{1}{x^3+1}$；

⑨ $y=(1+x^2)\arctan x$；　　　　　⑩ $y=\dfrac{\mathrm{e}^x}{x^2}$．

（2）求下列函数指定阶的导数．

① $y=\mathrm{e}^x\cos x$，求 y'''．

② $y=x^2\sin 2x$，求 y'''．

2. 进阶练习

（1）已知 $y=\ln x$，则 $y^{(n)}=$（ 　　 ）．

A. $(-1)^n n!\ x^n$　　　　　　　B. $(-1)^n(n+1)!\ x^{-2n}$

C. $(-1)^{n-1}(n-1)!\ x^{-n}$　　　D. $(-1)^{n-1}n!\ x^{-n-1}$

（2）设 $f''(x)$ 存在，求下列函数的二阶导数 $\dfrac{\mathrm{d}^2y}{\mathrm{d}x^2}$．

① $y=f(x^6)$；　　　　　　　　② $y=\sin[f(x)]$．

（3）求下列函数的二阶导数．

① $y=x\mathrm{e}^{3x}$；　　　　　　　　② $y=\ln(x+\sqrt{1+x^2})$．

3. 致思空间

函数的一阶导数称为微商，即 $y'=\dfrac{\mathrm{d}y}{\mathrm{d}x}$，那么函数的高阶导数与高阶微分之间的关系是什么？

3.11　隐函数求导

1. 显函数与隐函数

（1）显函数

用一个变量的代数式表示另一个变量的解析式称为显函数．如 $y=\sin x$，$y=\sqrt{1-x^2}$ 等．

（2）隐函数

函数关系不是用 $y=f(x)$ 表示的，而是由方程 $F(x,y)=0$ 所确定的函数称为隐函数．如 $x^2+y^2=1$，$\mathrm{e}^y=xy$ 等．再如 $x^3+y^3-3axy=0$ 绘制茉莉花瓣曲线图形，如图 3-6 所示．

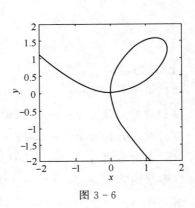

图 3-6

2. 隐函数的求导方法

（1）可以化为显函数的隐函数：先化为显函数，再来求导．

如函数 $e^x + xy = 0$，可以先化为 $y = -\dfrac{e^x}{x}$，再求导.

（2）不易或不能化为显函数的隐函数：将方程两边同时对自变量 x 求导，对于只含 x 的项，按通常的方法求导，对于含有 y 以及 y 的函数的项，则分别作为 x 的函数和 x 的复合函数求导.这样求导后，就得到一个含有 x，y，y' 的等式，从等式中解出 y'，即得到隐函数的导数.

例 3-34 由方程 $e^y + xy - e = 0$ 确定的 y 是 x 的函数，求 y 的导数.

解：将方程中的 y 看成 x 的函数 $y = f(x)$，利用复合函数的求导法则，将方程两边同时对 x 求导得

$$e^y \cdot y' + y + x \cdot y' - 0 = 0,$$

解出

$$y' = -\frac{y}{x + e^y}(x + e^y \neq 0).$$

例 3-35 求方程 $x^2 \sin y = y e^x$ 所确定的隐函数的导数 y'.

解：两边同时对 x 求导，得

$$2x \sin y + x^2 \cos y \cdot y' = y' e^x + y e^x,$$

整理得

$$y' = \frac{y e^x - 2x \sin y}{x^2 \cos y - e^x}(x^2 \cos y - e^x \neq 0).$$

例 3-36 求由方程 $y^5 + 2y - 8x + 3x^7 = 1$ 所确定的隐函数的导数 $\dfrac{dy}{dx}$.

解：方程两边分别对 x 求导，由于方程两边的导数相等，所以

$$5y^4 \frac{dy}{dx} + 2 \frac{dy}{dx} - 8 + 21x^6 = 0,$$

由此得

$$\frac{dy}{dx} = \frac{8 - 21x^6}{5y^4 + 2}.$$

同步练习 3.11

1. 基础练习

（1）求由方程 $\tan y + 3x^2 - 5y = 9$ 所确定的隐函数 $y = f(x)$ 的导数.

（2）求由方程 $y = 3 - x e^y$ 所确定的隐函数 $y = f(x)$ 的导数以及 $f'(0)$.

（3）求由方程 $y^6 = 1 + 2\sec x e^y$ 所确定的隐函数 $y = f(x)$ 的导数.

（4）求由方程 $y^2 - 2xy + \cot 6x = 0$ 所确定的隐函数 $y = f(x)$ 的导数.

（5）求由方程 $xy = \sin(x + y)$ 所确定的隐函数 $y = f(x)$ 的导数.

（6）求由方程 $y^3 - 2x \cos y + 11 = 0$ 所确定的隐函数 $y = f(x)$ 的导数.

（7）求由方程 $x^3 + y^3 - 2xy = 1$ 所确定的隐函数 $y = f(x)$ 的导数.

（8）求由方程 $x \sec y - \ln y + 5x = 0$ 所确定的隐函数 $y = f(x)$ 的导数.

2. 进阶练习

(1)求由方程 $\arctan\dfrac{y}{x}=\ln\sqrt{x^2+y^2}$ 所确定的隐函数 $y=f(x)$ 的导数.

(2)设函数 $y=f(x)$ 由方程 $x\mathrm{e}^y-y^3=1$ 确定,求函数在点 $(0,1)$ 处的切线方程.

(3)求椭圆 $\dfrac{x^2}{a^2}+\dfrac{y^2}{b^2}=1$ 在点 $M(x_0,y_0)$ 处的切线方程.

3. 致思空间

某公司核算产品边际成本时,发现该公司的成本 y 与产量 x 无法用显函数表示,但是经计算发现成本与产量满足 $x^2+4y^2=1$,试写出该公司边际成本函数.

3.12　参数方程求导

1. 参数方程

在实际问题中,因变量 y 与自变量 x 可能不是直接由 $y=f(x)$ 表示的,而是通过参变量 t 来表示的,即

$$\begin{cases}x=\varphi(t)\\y=\psi(t)\end{cases}.$$

此表达式称为函数的参数方程.

如三叶玫瑰线 $\begin{cases}x=a\sin3\theta\cos\theta\\y=a\sin3\theta\sin\theta\end{cases}$ 绘制的图形如图 $3-7$ 所示.

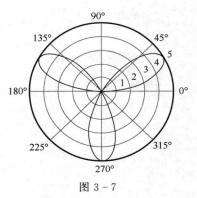

图 $3-7$

2. 参数方程的导数

$$\frac{\mathrm{d}y}{\mathrm{d}x}=\frac{\dfrac{\mathrm{d}y}{\mathrm{d}t}}{\dfrac{\mathrm{d}x}{\mathrm{d}t}}=\frac{\psi'(t)}{\varphi'(t)}.$$

例 3-37 已知圆的参数方程为 $\begin{cases}x=3\cos t\\y=3\sin t\end{cases}$,求 $\dfrac{\mathrm{d}y}{\mathrm{d}x}$.

解: $\dfrac{\mathrm{d}y}{\mathrm{d}x}=\dfrac{\dfrac{\mathrm{d}y}{\mathrm{d}t}}{\dfrac{\mathrm{d}x}{\mathrm{d}t}}=\dfrac{(3\sin t)'}{(3\cos t)'}=\dfrac{3\cos t}{-3\sin t}=-\cot t.$

例 3-38 求 $\begin{cases}x=1+t^2\\y=t^3\end{cases}$ 在 $t=2$ 处的切线方程.

解: $x(2)=5$,$y(2)=8$,故切点坐标为 $(5,8)$,

$$\frac{\mathrm{d}y}{\mathrm{d}x}=\frac{\dfrac{\mathrm{d}y}{\mathrm{d}t}}{\dfrac{\mathrm{d}x}{\mathrm{d}t}}=\frac{(t^3)'}{(1+t^2)'}=\frac{3t^2}{2t}=\frac{3t}{2},$$

故
$$\left.\frac{\mathrm{d}y}{\mathrm{d}x}\right|_{t=2}=\left.\frac{3t}{2}\right|_{t=2}=3,$$

则切线方程为
$$y-8=3(x-5),$$

即
$$y=3x-7.$$

同步练习 3.12

1. 基础练习

(1)求由参数方程 $\begin{cases} x=t^3-1 \\ y=2\sin t-t \end{cases}$ 确定的函数的导数 $\dfrac{\mathrm{d}y}{\mathrm{d}x}$.

(2)求由参数方程 $\begin{cases} x=\mathrm{e}^{\sin t} \\ y=\mathrm{e}^{\cos t} \end{cases}$ 确定的函数的导数 $\dfrac{\mathrm{d}y}{\mathrm{d}x}$ 及 $\left.\dfrac{\mathrm{d}y}{\mathrm{d}x}\right|_{t=\frac{\pi}{3}}$.

(3)求由参数方程 $\begin{cases} x=2t-\cos t \\ y=1+\sin 2t \end{cases}$ 确定的函数的导数 $\dfrac{\mathrm{d}y}{\mathrm{d}x}$.

(4)求由参数方程 $\begin{cases} x=3\mathrm{e}^{-t} \\ y=2\mathrm{e}^{t} \end{cases}$ 确定的函数的导数 $\dfrac{\mathrm{d}y}{\mathrm{d}x}$ 及 $\left.\dfrac{\mathrm{d}y}{\mathrm{d}x}\right|_{t=0}$.

2. 进阶练习

(1)已知参数方程 $\begin{cases} x=3-\ln(t^2+1) \\ y=t^4+2 \end{cases}$,求 $\dfrac{\mathrm{d}y}{\mathrm{d}x}$, $\dfrac{\mathrm{d}^2 y}{\mathrm{d}x^2}$.

(2)求曲线 $\begin{cases} x=2\mathrm{e}^{t} \\ y=\mathrm{e}^{-t} \end{cases}$ 在 $t=0$ 处的切线方程和法线方程.

(3)求曲线 $\begin{cases} x=2\cos t \\ y=\cos 2t \end{cases}$ 在 $t=\dfrac{\pi}{4}$ 处的切线方程和法线方程.

3. 致思空间

心形曲线是一种美丽的数学曲线,它的形状像一个爱心,其参数方程是什么?

学习任务三　导数及微分的应用

3.13　洛必达法则

我们在求极限时常常遇到两个函数都是无穷小或无穷大,它们比值的极限记为 $\dfrac{0}{0}$, $\dfrac{\infty}{\infty}$ 型不定式极限,这类极限不能使用极限的商法来计算,本节将介绍求这种极限的一种简便、重要而又有效的方法——洛必达法则.

微课

洛必达法则

1. $\dfrac{0}{0}$，$\dfrac{\infty}{\infty}$ 不定式

定理 1　若 $\lim\limits_{x \to x_0} f(x) = 0$ 或 ∞，$\lim\limits_{x \to x_0} g(x) = 0$ 或 ∞；$f(x)$ 与 $g(x)$ 在 x_0 的某去心邻域内可导，且 $g'(x) \neq 0$；$\lim\limits_{x \to x_0} \dfrac{f'(x)}{g'(x)}$ 存在（或为 ∞），则

$$\lim_{x \to x_0} \frac{f(x)}{g(x)} = \lim_{x \to x_0} \frac{f'(x)}{g'(x)}.$$

例 3 - 39　求 $\lim\limits_{x \to 0} \dfrac{1 - \cos x}{x^2}$.

解： $\lim\limits_{x \to 0} \dfrac{1 - \cos x}{x^2} \overset{\frac{0}{0}型}{=\!=\!=} \lim\limits_{x \to 0} \dfrac{(1 - \cos x)'}{(x^2)'} = \lim\limits_{x \to 0} \dfrac{\sin x}{2x} = \dfrac{1}{2}$.

例 3 - 40　求极限 $\lim\limits_{x \to +\infty} \dfrac{x + \ln 2x}{x \ln x}$.

解： $\lim\limits_{x \to +\infty} \dfrac{x + \ln 2x}{x \ln x} \overset{\frac{\infty}{\infty}型}{=\!=\!=} \lim\limits_{x \to +\infty} \dfrac{1 + \dfrac{1}{x}}{\ln x + x \cdot \dfrac{1}{x}}$

$$= \lim_{x \to +\infty} \frac{x + 1}{x \ln x + x}$$

$$\overset{\frac{\infty}{\infty}型}{=\!=\!=} \lim_{x \to +\infty} \frac{1}{\ln x + 2} = 0.$$

例 3 - 41　求 $\lim\limits_{x \to \frac{\pi}{2}} \dfrac{\csc 2x}{\sec x}$.

解： $\lim\limits_{x \to \frac{\pi}{2}} \dfrac{\csc 2x}{\sec x} = \lim\limits_{x \to \frac{\pi}{2}} \dfrac{\cos x}{\sin 2x} \overset{\frac{0}{0}型}{=\!=\!=} \lim\limits_{x \to \frac{\pi}{2}} \dfrac{-\sin x}{2\cos 2x} = \dfrac{1}{2}$.

例 3 - 42　$\lim\limits_{x \to +\infty} \dfrac{(\ln x)^2}{x}$.

解： 这是 $\dfrac{\infty}{\infty}$ 型不定式，利用洛必达法则求解，

$$\lim_{x \to +\infty} \frac{(\ln x)^2}{x} = \lim_{x \to +\infty} \frac{2\ln x \cdot \dfrac{1}{x}}{1}$$

$$= \lim_{x \to +\infty} \frac{2\ln x}{x}$$

$$= \lim_{x \to +\infty} \frac{2}{x}$$

$$= 0.$$

注意

(1)洛必达法则只适用于求 $\dfrac{0}{0}$ 型或 $\dfrac{\infty}{\infty}$ 型不定式的极限.

(2)在求 $\dfrac{0}{0}$ 型或 $\dfrac{\infty}{\infty}$ 型不定式的极限时，只要满足洛必达法则的条件，则可多次连续使用洛必达法则，即

$$\lim_{\substack{x \to x_0 \\ (x \to \infty)}} \frac{f(x)}{g(x)} \overset{\frac{0}{0}型或\frac{\infty}{\infty}型}{=\!=\!=} \lim_{\substack{x \to x_0 \\ (x \to \infty)}} \frac{f'(x)}{g'(x)} \overset{\frac{0}{0}型或\frac{\infty}{\infty}型}{=\!=\!=} \lim_{\substack{x \to x_0 \\ (x \to \infty)}} \frac{f''(x)}{g''(x)} \overset{\frac{0}{0}型或\frac{\infty}{\infty}型}{=\!=\!=} \cdots \overset{\frac{0}{0}型或\frac{\infty}{\infty}型}{=\!=\!=} \lim_{\substack{x \to x_0 \\ (x \to \infty)}} \frac{f^{(n)}(x)}{g^{(n)}(x)} = A(或\infty).$$

(3)洛必达法则不能求解所有的 $\dfrac{0}{0}$ 型或 $\dfrac{\infty}{\infty}$ 型不定式的极限.

如：$\lim\limits_{x \to \infty} \dfrac{x - \sin x}{x}$ 是 $\dfrac{\infty}{\infty}$ 型不定式的极限，由洛必达法则，得

$$\lim_{x \to \infty} \frac{x - \sin x}{x} = \lim_{x \to \infty} \frac{1 - \cos x}{1} 的极限不存在，$$

但并不能得出极限不存在的结论.可用如下方法求解极限：

$$\lim_{x \to \infty} \frac{x - \sin x}{x} = \lim_{x \to \infty} \left(1 - \frac{\sin x}{x} \right) = 0.$$

2. 其他类型不定式

(1)对于 $0 \cdot \infty$ 型不定式，常见的求解方法是先将函数化为 $\dfrac{0}{0}$ 型或 $\dfrac{\infty}{\infty}$ 型不定式，再用洛必达法则求解.

例 3 – 43　求 $\lim\limits_{x \to 0^+} x^n \ln x \, (n > 0)$.

解：这是 $0 \cdot \infty$ 型不定式，因为

$$x^n \ln x = \frac{\ln x}{\dfrac{1}{x^n}},$$

当 $x \to 0$ 时，上式右端是 $\dfrac{\infty}{\infty}$ 型不定式，应用洛必达法则得

$$\lim_{x \to 0^+} x^n \ln x = \lim_{x \to 0^+} \frac{\ln x}{x^{-n}} = \lim_{x \to 0^+} \frac{\dfrac{1}{x}}{-nx^{-n-1}} = \lim_{x \to 0^+} \left(-\frac{x^n}{n} \right) = 0.$$

(2)对于 $\infty - \infty$ 型不定式，常见的求解方法是先将函数进行恒等变形(通分等)，化为 $\dfrac{0}{0}$ 型或 $\dfrac{\infty}{\infty}$ 型不定式，再用洛必达法则求解.

例 3 - 44 求 $\lim\limits_{x \to \frac{\pi}{2}}(\sec x - \tan x)$.

解：这是 $\infty - \infty$ 型不定式，因为

$$\sec x - \tan x = \frac{1 - \sin x}{\cos x},$$

当 $x \to \frac{\pi}{2}$ 时，上式右端是 $\frac{0}{0}$ 型不定式，应用洛必达法则得

$$\lim\limits_{x \to \frac{\pi}{2}}(\sec x - \tan x) = \lim\limits_{x \to \frac{\pi}{2}}\frac{1 - \sin x}{\cos x} = \lim\limits_{x \to \frac{\pi}{2}}\frac{-\cos x}{-\sin x} = 0.$$

（3）对于 1^{∞} 型、0^{0} 型、∞^{0} 型这 3 种不定式，常见的求解方法是利用取对数的方法或者利用公式 $e^{\ln N} = N$，将幂指函数指数化，转化为 $\frac{0}{0}$ 型或 $\frac{\infty}{\infty}$ 型不定式求解.

例 3 - 45 求 $\lim\limits_{x \to 0^{+}} x^{x}$.

解：这是 0^{0} 型不定式，设 $y = x^{x}$，取对数得

$$\ln y = x \ln x.$$

当 $x \to 0^{+}$ 时，上式右端是 $0 \cdot \infty$ 型不定式，应用洛必达法则得

$$\lim\limits_{x \to 0^{+}} \ln y = \lim\limits_{x \to 0^{+}}(x \ln x) = 0.$$

因为 $y = e^{\ln y}$，而 $\lim y = \lim e^{\ln y} = e^{\lim \ln y}$（当 $x \to 0^{+}$），

所以

$$\lim\limits_{x \to 0^{+}} x^{x} = \lim\limits_{x \to 0^{+}} y = e^{0} = 1.$$

同步练习 3.13

1. 基础练习

利用洛必达法则求解下列极限.

（1）$\lim\limits_{x \to 0}\dfrac{\ln(1+x)}{x}$；

（2）$\lim\limits_{x \to 0}\dfrac{e^{x} - e^{-x}}{\sin x}$；

（3）$\lim\limits_{x \to 0}\dfrac{\sin 3x}{\tan 5x}$；

（4）$\lim\limits_{x \to \frac{\pi}{2}}\dfrac{\ln \sin x}{(\pi - 2x)^{2}}$；

（5）$\lim\limits_{x \to 0}\dfrac{x - \sin x}{x^{2}\tan 3x}$；

（6）$\lim\limits_{x \to a}\dfrac{x^{m} - a^{m}}{x^{n} - a^{n}}(a \neq 0)$；

（7）$\lim\limits_{x \to +\infty}\dfrac{\ln\left(1 + \dfrac{1}{x}\right)}{\operatorname{arccot} x}$；

（8）$\lim\limits_{x \to 0}\dfrac{\ln(1 + x^{2})}{\sec x - \cos x}$；

（9）$\lim\limits_{x \to 0} x \cot 2x$；

（10）$\lim\limits_{x \to 0}\dfrac{x - \arctan x}{x^{2}(e^{x} - 1)}$.

2. 进阶练习

（1）计算下列极限.

① $\lim\limits_{x \to 1}\left(\dfrac{6}{x^2-1}-\dfrac{1}{x-1}\right)$; ② $\lim\limits_{x \to 0}\dfrac{\tan x-\sin x}{\cos 3x-\cos x}$;

③ $\lim\limits_{x \to 0^+}x^{\sin x}$; ④ $\lim\limits_{x \to +\infty}\left(\dfrac{1}{x+3}\right)^{\mathrm{e}^{-x}}$.

(2)验证极限 $\lim\limits_{x \to \infty}\dfrac{x+\sin x}{x}$ 存在，但不能用洛必达法则求解.

3. 致思空间

已知某公司的发展曲线为 $y=\dfrac{500x}{x+1000\mathrm{e}^{-0.01x}}$，试根据公司发展曲线，求当 x 趋于无穷时公司的发展状态.

3.14 函数的单调性与凹凸性

1. 函数的单调性

从图 3-8 观察单调函数有什么特点？
(1)曲线单调递增；(2)曲线的切线的斜率均为正，即 $f'(x)>0$.
从图 3-9 观察单调函数有什么特点？
(2)曲线单调递减；(2)曲线的切线的斜率均为负，即 $f'(x)<0$.

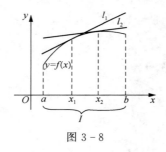　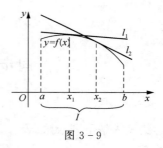

图 3-8　　　　　　　　　　　图 3-9

定理 1 （单调性的判定定理）设函数 $y=f(x)$ 在 $[a,b]$ 上连续，在 (a,b) 内可导，
(1)如果在 (a,b) 内 $f'(x)>0$，那么函数 $y=f(x)$ 在 $[a,b]$ 上单调递增；
(2)如果在 (a,b) 内 $f'(x)<0$，那么函数 $y=f(x)$ 在 $[a,b]$ 上单调递减.
求函数 $y=f(x)$ 的单调区间的一般步骤如下：
(1)确定函数 $f(x)$ 的定义域；
(2)求出 $f'(x)=0$ 的点（即驻点）和 $f'(x)$ 不存在的点，并用这些点作为分隔点把定义域分成若干个部分区间；
(3)列表讨论函数在各个部分区间的单调性.

例 3-46 判定函数 $y=x-\sin x$ 在 $\left[0,\dfrac{\pi}{2}\right]$ 上的单调性.

解：因为在 $\left(0,\dfrac{\pi}{2}\right)$ 内，

$$y' = 1 - \cos x > 0,$$

所以由定理 1 可知，函数 $y = x - \sin x$ 在 $\left[0, \dfrac{\pi}{2}\right]$ 上单调递增.

例 3 - 47　确定函数 $f(x) = 2x^3 - 9x^2 + 12x - 8$ 的单调区间.

解：函数的定义域为 $(-\infty, +\infty)$，

$$f'(x) = 6x^2 - 18x + 12 = 6(x-1)(x-2),$$

令 $f'(x) = 0$，可得 $x_1 = 1, x_2 = 2$.

这两个驻点把 $(-\infty, +\infty)$ 分成 3 个部分，$(-\infty, 1)$、$(1, 2)$ 及 $(2, +\infty)$，如表 3 - 1 所示.

表 3 - 1

x	$(-\infty, 1)$	1	$(1, 2)$	2	$(2, +\infty)$
y'	$+$	0	$-$	0	$+$
y	↗		↘		↗

所以函数 $f(x)$ 在 $(-\infty, 1)$ 上单调递增，在 $(1, 2)$ 上单调递减，在 $(2, +\infty)$ 上单调递增.

例 3 - 48　求函数 $y = e^x - x + 6$ 的单调区间.

解：函数的定义域为 $(-\infty, +\infty)$，令 $y' = e^x - 1 = 0$，解得驻点 $x = 0$，$x = 0$ 把定义域 $(-\infty, +\infty)$ 分成 $(-\infty, 0)$ 和 $(0, +\infty)$ 两个部分区间，如表 3 - 2 所示.

表 3 - 2

x	$(-\infty, 0)$	0	$(0, +\infty)$
$f'(x)$	$-$	0	$+$
$f(x)$	↘		↗

由表 3 - 2 可知：函数 $f(x)$ 在 $(-\infty, 0)$ 上单调递减，在 $(0, +\infty)$ 上单调递增.

例 3 - 49　讨论函数 $f(x) = \sqrt[3]{(x-1)^2}$ 的单调性.

解：该函数的定义域为 $(-\infty, +\infty)$，

$$f'(x) = \frac{2}{3} \frac{1}{\sqrt[3]{x-1}},$$

可得，当 $x = 1$ 时，$f'(1)$ 不存在；

当 $x > 1$ 时，$f'(x) > 0$，因此 $f(x)$ 在 $(1, +\infty)$ 上单调递增；

当 $x < 1$ 时，$f'(x) < 0$，因此 $f(x)$ 在 $(-\infty, 1)$ 上单调递减.

如果函数 $f(x)$ 在区间 I 内具有二阶导数，那么可以利用二阶导数的正负号来判定曲线的凹凸性，这就是曲线凹凸性的判定定理，当 I 为闭区间时，定理类同.

2. 函数的凹凸性

投资股票市场的一种方法是购买指数基金股票，它以跟踪指数为目标购买不同的股

票．指数基金主要的目标是买低(在局部最小处买进)卖高(在局部最大处卖出)，但是，这种方法对股市时机的掌握是难以捉摸的，因为不可能预测股市的极值，而凹凸性为投资者提供了预测逆转趋势发生的方法．

图 3-10 中的曲线弧 ABC 整体是单调上升的，但是弧段 AB 是凸的，而弧段 BC 是凹的，所以不仅要考虑增减性，还需要研究曲线的弯曲方向，下面给出曲线的凹凸性的定义．

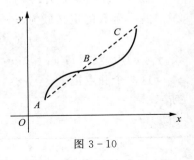

图 3-10

定义 1 设函数 $f(x)$ 在区间 I 上连续，如果区间上的任意两点 x_1、x_2 恒有 $f\left(\dfrac{x_1+x_2}{2}\right)<\dfrac{1}{2}\left[f(x_1)+f(x_2)\right]$，则称 $f(x)$ 的图形(曲线 $y=f(x)$)是凹的(或凹弧)，如图 3-11 所示．

设函数 $f(x)$ 在区间 I 上连续，如果对区间 I 上的任意两点 x_1、x_2，恒有 $f\left(\dfrac{x_1+x_2}{2}\right)>\dfrac{1}{2}\left[f(x_1)+f(x_2)\right]$，则称 $f(x)$ 的图形(曲线 $y=f(x)$)是凸的(或凸弧)，如图 3-12 所示．

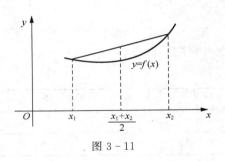

图 3-11

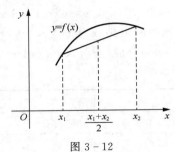

图 3-12

定理 2 设 $f(x)$ 在 $[a,b]$ 上连续，在 (a,b) 内具有一阶和二阶导数，那么

(1)若在 (a,b) 内 $f''(x)>0$，则 $f(x)$ 在 (a,b) 上的图形是凹的；

(2)若在 (a,b) 内 $f''(x)<0$，则 $f(x)$ 在 (a,b) 上的图形是凸的．

一般地，设 $y=f(x)$ 在区间 I 上连续，x_0 是 I 内的点，如果曲线 $y=f(x)$ 在经过点 $(x_0,f(x_0))$ 时，曲线的凹凸性改变，那么称点 $(x_0,f(x_0))$ 为曲线的**拐点**．

例 3-50 判断曲线 $y=\mathrm{e}^x$ 的凹凸性．

解： $y=\mathrm{e}^x$ 在 $(-\infty,+\infty)$ 内具有二阶导数，且 $y'=\mathrm{e}^x$，$y''=\mathrm{e}^x>0$，因此曲线 $y=\mathrm{e}^x$ 在 $(-\infty,+\infty)$ 内是凹的．

例 3-51 判断曲线 $y=x^3$ 的凹凸性．

解： $y=x^3$ 在 $(-\infty,+\infty)$ 内具有二阶导数，且 $y'=3x^2$，$y''=6x$，

当 $x\in(-\infty,0)$ 时，$y''<0$，故曲线 $y=x^3$ 在 $(-\infty,0)$ 上是凸的；

当 $x\in(0,+\infty)$ 时，$y''>0$，故曲线 $y=x^3$ 在 $(0,+\infty)$ 上是凹的．

注：点 $(0,0)$ 为凹弧与凸弧的分界点，即曲线的拐点．

例 3-52　求曲线 $y=1+6x-24x^2+x^4$ 的凹凸区间和拐点.

解： 函数的定义域为 $x \in \mathbf{R}$,

$$y'=6-48x+4x^3, \quad y''=-48+12x^2=12(x^2-4).$$

由 $y''=0$ 知 $x=\pm 2$, 列表 3-3.

表 3-3

x	$(-\infty,-2)$	-2	$(-2,2)$	2	$(2,+\infty)$
y''	$+$	0	$-$	0	$+$
y	$\cup$	-91	$\cap$	-67	$\cup$

所以曲线 y 的凹区间为 $(-\infty,-2)$ 与 $(2,+\infty)$, 凸区间为 $(-2,2)$, 拐点为 $(-2,-91)$, $(2,-67)$.

例 3-53　求曲线 $y=x e^{-3x}$ 的凹凸区间和拐点.

解： $y'=e^{-3x}-3x e^{-3x}$, $y''=-6e^{-3x}+9x e^{-3x}=3e^{-3x}(3x-2)$,

由 $y''=0$ 得 $x=\dfrac{2}{3}$, 列表 3-4.

表 3-4

x	$\left(-\infty,\dfrac{2}{3}\right)$	$\dfrac{2}{3}$	$\left(\dfrac{2}{3},+\infty\right)$
y''	$-$	0	$+$
y	$\cap$	$\dfrac{2}{3}e^{-2}$	$\cup$

所以曲线 y 的凹区间为 $\left(\dfrac{2}{3},+\infty\right)$, 凸区间为 $\left(-\infty,\dfrac{2}{3}\right)$, 拐点为 $\left(\dfrac{2}{3},\dfrac{2}{3}e^{-2}\right)$.

例 3-54　求曲线 $y=x^4-4x^3+2x-5$ 的凹凸区间和拐点.

解： $y'=4x^3-12x^2+2$, $y''=12x^2-24x=12x(x-2)$.

由 $y''=12x(x-2)=0$, 知 $x_1=0$, $x_2=2$, 列表 3-5.

表 3-5

x	$(-\infty,0)$	0	$(0,2)$	2	$(2,+\infty)$
y''	$+$	0	$-$	0	$+$
y	$\cup$	-5	$\cap$	-17	$\cup$

所以曲线 $f(x)$ 的凹区间为 $(-\infty,0)$, $(2,+\infty)$, 凸区间为 $(0,2)$, 拐点为 $(0,-5)$, $(2,-17)$.

同步练习 3.14

1. 基础练习

确定下列函数的单调区间.

(1) $y = 2x^3 - 6x^2 - 18x + 9$;

(2) $y = x + \dfrac{9}{x}$;

(3) $y = \dfrac{8}{4x^3 - 9x^2 + 6x}$;

(4) $y = \ln(x + \sqrt{1 + x^2})$.

2. 进阶练习

(1) 判定下列曲线的凹凸性.

① $y = 4x - 3x^2$;

② $y = \sin x$;

③ $y = x + \dfrac{1}{x}\ (x > 0)$.

(2) 求下列函数图形的拐点及凹凸区间.

① $y = x^3 - 5x^2 + 3x - 7$;

② $y = x e^{-x}$;

③ $y = (x+1)^4 + e^x$;

④ $y = \ln(x^2 + 1)$;

⑤ $y = e^{\arctan x}$;

⑥ $y = x^4(12\ln x - 7)$.

3. 致思空间

在高台跳水运动中，运动员距离水面最高点在何处？这与什么有关系呢？

3.15 函数的极值与最值

1. 函数的极值

观察图 3-13 可知，函数 $f(x)$ 在点 x_1，x_3 的值 $f(x_1)$，$f(x_3)$ 比相邻各点的函数值都大，而在点 x_2，x_4 的函数值 $f(x_2)$，$f(x_4)$ 比相邻各点的函数值都小，针对具有这种特性的点和对应的函数值给出如下定义.

定义 1　设函数 $f(x)$ 在 x_0 的某邻域内有定义，若对该邻域内任意 $x(x \neq x_0)$ 恒有

(1) $f(x) < f(x_0)$，则称 $f(x_0)$ 为 $f(x)$ 的极大值，称 x_0 为极大值点. 如图 3-14 所示;

(2) $f(x) > f(x_0)$，则称 $f(x_0)$ 为 $f(x)$ 的极小值，称 x_0 为极小值点. 如图 3-15 所示.

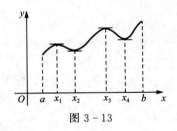

图 3-13

函数的极大值、极小值统称极值，极大值点和极小值点统称极值点.

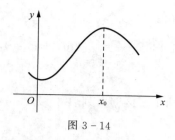

图 3 - 14

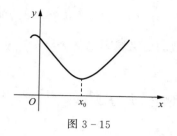

图 3 - 15

注意
(1)极值是局部性概念，所以会出现极大值小于极小值的情形．
(2)由极值的定义可知，极值只能出现在区间内部，区间端点处不存在极值．
(3)若函数 $f(x)$ 在 x_0 处取得极值，则 $f'(x_0)=0$ 或 $f'(x_0)$ 不存在．

下面的定理可以判定函数的极值性．

定理 1(极值第一充分条件)　设函数 $f(x)$ 在 x_0 处连续，在 x_0 的去心邻域内可导，若在 x_0 的邻域内，

(1)当 $x<x_0$ 时，$f'(x)>0$，当 $x>x_0$ 时，$f'(x)<0$，则函数 $f(x)$ 在 x_0 处取得极大值；

(2)当 $x<x_0$ 时，$f'(x)<0$，当 $x>x_0$ 时，$f'(x)>0$，则函数 $f(x)$ 在 x_0 处取得极小值；

(3)当 $f'(x)$ 在 x_0 的左右恒为正或恒为负的，函数 $f(x)$ 在 x_0 处无极值．

进而，可总结出求函数极值的步骤：

(1)确定函数 $f(x)$ 的定义域；

(2)求出使 $f'(x)=0$ 及 $f'(x)$ 不存在的点；

(3)用上述点把定义域分成若干个子区间，列表讨论各个子区间导数的正负，利用定理 1 确定极值点；

(4)求极值点的函数值．

例 3-55　求函数 $y=2x^2-x^4-3$ 的极值点和极值．

解：令 $y'=4x-4x^3=4x(1-x^2)=4x(1-x)(1+x)=0$，得 $x=0$，$x=\pm1$．$x=0$ 和 $x=\pm1$ 把函数的定义域 $(-\infty,+\infty)$ 分成 $(-\infty,-1)$，$(-1,0)$，$(0,1)$ 和 $(1,+\infty)$，列表 3-6．

表 3 - 6

x	$(-\infty,-1)$	-1	$(-1,0)$	0	$(0,1)$	1	$(1,+\infty)$
$f'(x)$	$+$	0	$-$	0	$+$	0	$-$
$f(x)$	↗	极大值	↘	极小值	↗	极大值	↘

所以，$x=0$ 是极小值点，函数有极小值 $f(0)=-3$，$x=\pm1$ 是极大值点，函数有极大值 $f(-1)=f(1)=-2$．

例 3 – 56 求函数 $y = x^2 \ln x + 6$ 的极值点和极值.

解：函数的定义域为 $(0, +\infty)$，令 $y' = 2x \ln x + x^2 \cdot \dfrac{1}{x} = x(2\ln x + 1) = 0$，解得 $x = 0$（舍去），$x = e^{-\frac{1}{2}}$.

$x = e^{-\frac{1}{2}}$ 把定义域分成 $(0, e^{-\frac{1}{2}})$ 和 $(e^{-\frac{1}{2}}, +\infty)$ 两个子区间，列表 3 – 7.

表 3 – 7

x	$(0, e^{-\frac{1}{2}})$	$e^{-\frac{1}{2}}$	$(e^{-\frac{1}{2}}, +\infty)$
$f'(x)$	$-$	0	$+$
$f(x)$	↘	极小值	↗

由表 3 – 7 可知，当 $x = e^{-\frac{1}{2}}$ 时，函数有极小值 $f(e^{-\frac{1}{2}}) = 6 - \dfrac{1}{2e}$.

例 3 – 57 求函数 $f(x) = x - \ln(1+x)$ 的极值.

解：$\because f(x) = x - \ln(1+x)$，$x \in (-1, +\infty)$，$f'(x) = 1 - \dfrac{1}{1+x}$，由 $f'(x) = 0$，知 $x = 0$，列表 3 – 8.

表 3 – 8

x	$(-1, 0)$	0	$(0, +\infty)$
$f'(x)$	$-$	0	$+$
$f(x)$	↘	极小值	↗

$\therefore f(x)$ 的单调递减区间为 $(-1, 0)$，单调递增区间为 $(0, +\infty)$，$f(x)$ 的极小值 $f(0) = 0$.

定理 2（极值第二充分条件） 设函数 $f(x)$ 在 x_0 处有一阶、二阶导数，且 $f'(x_0) = 0$，$f''(x_0) \neq 0$，

(1) 若 $f''(x_0) < 0$，则 $f(x_0)$ 为极大值；

(2) 若 $f''(x_0) > 0$，则 $f(x_0)$ 为极小值.

2. 函数的最值

在实际工程中常会遇到这样一类问题：在一定条件下，怎样使"产品最多""用料最省".这类问题可归结为建立一个目标函数，求这个函数的最大值、最小值问题.该问题的难点在于，如何利用已知的信息，建立符合实际又容易计算的模型.下面介绍函数最值的求法.

$f(x)$ 在 $[a, b]$ 上一定能取得最大值和最小值.而最大值点、最小值点必定是 $f(x)$ 在 (a, b) 内的驻点，或导数不存在的点，或区间的端点.所以求 $f(x)$ 在 $[a, b]$ 上的最大值、最小值时，可求出 (a, b) 内全部的极值点，以及端点 $f(a)$、$f(b)$ 的值，从中取最大值、

最小值即所求.

求函数最值的具体步骤:

①求 $f'(x)$;

②求在 (a,b) 内使得 $f'(x)=0$ 及 $f'(x)$ 不存在的点 $x_i(i=1,2,\cdots,n)$;

③求出 $f(x_i)(i=1,2,\cdots,n)$,$f(a)$,$f(b)$;

④比较③中各值的大小,其中最大的是 $f(x)$ 在 $[a,b]$ 上的最大值,最小的是 $f(x)$ 在 $[a,b]$ 上的最小值.

例 3-58　求函数 $y=\dfrac{1}{3}x^3-\dfrac{5}{2}x^2+4x$ 在 $[-1,2]$ 上的最值.

解: $y'=x^2-5x+4=(x-1)(x-4)$.

令 $y'=0$,求得 $(-1,2)$ 上的驻点 $x=1$.

因为 $f(-1)=-\dfrac{41}{6}$,$f(1)=\dfrac{11}{6}$,$f(2)=\dfrac{2}{3}$,所以函数的最大值为 $f(1)=\dfrac{11}{6}$,最小值为 $f(-1)=-\dfrac{41}{6}$.

例 3-59　设有一个长 8m、宽 5m 的矩形铁皮,在 4 个角上切去 4 个大小相同的小正方形.问切去的边长为多少时,才能使剩下的铁皮折成的开口盒子容积最大?并求开口盒子容积的最大值.

解: 设小正方形的边长为 x,由题意得盒子容积

$$v(x)=(8-2x)(5-2x)\cdot x=40x-26x^2+4x^3.$$

令　$v'(x)=40-52x+12x^2=4(3x-10)(x-1)=0$,

得 $x=\dfrac{10}{3}$(舍去),$x=1$,

得最大值　　　　　　$v(1)=40-26+4=18$.

同步练习 3.15

1. 基础练习

(1)求下列函数的极值.

①$y=2x^3-6x^2-18x+7$;

②$y=-x^4+2x^2$.

(2)求下列函数的最大值、最小值.

①$y=2x^3-3x^2$,$-1\leqslant x\leqslant 4$;

②$y=x^4-8x^2+2$,$-1\leqslant x\leqslant 3$.

2. 进阶练习

(1)求下列函数的极值.

①$y=\dfrac{1+3x}{\sqrt{4+5x^2}}$;

②$y = \dfrac{3x^2 + 4x + 4}{x^2 + x + 1}$.

（2）求下列函数的最值.

$$y = x + \sqrt{1-x}, \quad -5 \leqslant x \leqslant 1.$$

3. 致思空间

某校需要建一个面积为 $512m^2$ 的运动场，一边可以利用原来的墙壁，其他三边需要砌新的墙壁，那么运动场的长和宽各为多少时，才能使砌墙所用的材料最省？

3.16 函数的近似值

在工程问题中，经常会遇到一些复杂的计算公式，如果直接用这些公式进行计算，既费力又费时，利用微分往往可以把一些复杂的计算公式改用简单的近似公式来代替.

设函数 $y = f(x)$ 在 x_0 处可微，且 $f'(x_0) \neq 0$，$|\Delta x|$ 很小，则

$$\Delta y = f(x_0 + \Delta x) - f(x_0) \approx f'(x_0)\Delta x = \mathrm{d}y, \qquad (3-1)$$

或

$$f(x_0 + \Delta x) \approx f(x_0) + f'(x_0)\Delta x. \qquad (3-2)$$

例 3 - 60 利用微分计算 $\sin 60°30'$ 的近似值.

解： 把 $60°30'$ 化为弧度，得

$$60°30' = \frac{\pi}{3} + \frac{\pi}{360}.$$

设 $f(x) = \sin x$，此时 $f'(x) = \cos x$，取 $x_0 = \dfrac{\pi}{3}$，则

$f\left(\dfrac{\pi}{3}\right) = \sin\dfrac{\pi}{3} = \dfrac{\sqrt{3}}{2}$ 与 $f'\left(\dfrac{\pi}{3}\right) = \cos\dfrac{\pi}{3} = \dfrac{1}{2}$，并且 $\Delta x = \dfrac{\pi}{360}$ 比较小，

$$\sin 60°30' = \sin\left(\frac{\pi}{3} + \frac{\pi}{360}\right) \approx \sin\frac{\pi}{3} + \cos\frac{\pi}{3} \cdot \frac{\pi}{360}$$

$$= \frac{\sqrt{3}}{2} + \frac{1}{2} \cdot \frac{\pi}{360} \approx 0.8660 + 0.0044 = 0.8704.$$

例 3 - 61 计算 $\sqrt{1.03}$ 的近似值.

解： $\sqrt{1.03} = \sqrt{1 + 0.03}$

设 $f(x) = \sqrt{x}$，这里 $x_0 = 1$，$\Delta x = 0.03$，由式（3-2）得

$$\sqrt{1.03} = \sqrt{1 + 0.03} \approx 1 + \frac{1}{2} \times 0.03 = 1.015.$$

例 3 - 62 利用微分近似计算 $\mathrm{e}^{0.02}$.

解： 令 $\Delta x = 0.02$，$x_0 = 0$，$f(x) = \mathrm{e}^x$，

则 $\mathrm{e}^{0.02} = \mathrm{e}^{x_0 + \Delta x} \approx f(x_0) + f'(x_0)\Delta x_0 = 1 + 1 \times 0.02 = 1.02.$

同步练习 3.16

1. 基础练习

求下列数值的近似值.

(1) $\sqrt[3]{1.01}$；

(2) $\sqrt[3]{998.6}$；

(3) $\sqrt{27}$.

2. 进阶练习

求 $\lg 11$ 的近似值($\ln 10 = 2.30585$，小数点后保留 4 位小数).

3. 致思空间

某公司设计生产一种新型动力电池，假设能全部售出，收入函数 $R = 36x - \dfrac{x^2}{20} + 10$，其中 x 为公司一天的产量，如果公司每天的产量从 250 件增加到 260 件，请估计公司每天收入的增加量.

模块小结

一、基本内容

1. 导数的概念，微分的概念，以及导数存在与左、右导数之间的关系.

2. 导数的四则运算法则，微分的运算法则.

3. 复合函数的求导方法，隐函数和参数方程的求导方法.

4. 利用导数求极限的洛必达法则，用导数求函数的单调性、函数的极值、函数的最值、曲线的凹凸性及拐点、函数的近似值的方法.

5. 高阶导数的概念，导数的几何意义.

二、学习重点

1. 导数的概念及四则运算法则.

2. 复合函数求导法则.

3. 隐函数的求导方法.

4. 函数的极值与最值.

三、学习难点

1. 复合函数的求导法则.

2. 隐函数的求导方法.

3. 左、右导数.

4. 洛必达法则.

习题三

一、填空题

1. $\lim\limits_{x\to 0^+} x\ln x = $ _____ .

2. $\lim\limits_{x\to 0} \dfrac{x^3}{x-\sin x} = $ _____ .

3. 函数 $y = x^3 - 3x$ 的单调递减区间为 _____ .

4. 函数 $y = \ln(x^2 - x - 2)$ 的单调递增区间为 _____ .

5. 函数 $y = \dfrac{1}{3}x^3 - x^2 + 9$ 在 $[0,5]$ 上的最大值为 _____ .

6. 函数 $y = x + \dfrac{9}{x}$ 的极大值点为 _____ ，极大值为 _____ .

7. 曲线 $y = x^4 - 6x^2 + 3x$ 的凸区间为 _____ .

8. 设函数 $y = \ln\ln x$，则 $y' = $ _____ .

9. 若 $y = x \cdot 2^x + \sin\dfrac{\pi}{8}$，则 $y'(1) = $ _____ .

10. 曲线 $x^2 - xy + y^2 = 4$ 在点 $(0,2)$ 处的切线方程为 _____ .

11. 求 $y = x^2 - x - 1$ 在 $x = 2$ 处当 $\Delta x = 0.01$ 时，$\Delta y = $ _____ ，$\mathrm{d}y = $ _____ .

二、选择题

1. 下列极限中，不能使用洛必达法则的是（　　）.

A. $\lim\limits_{x\to 0} \dfrac{\sin x}{x}$

B. $\lim\limits_{x\to 1} \dfrac{\ln x}{x-1}$

C. $\lim\limits_{x\to\infty} \dfrac{x-\sin 3x}{x+\sin 3x}$

D. $\lim\limits_{x\to 0} \dfrac{\tan 5x}{\sin x}$

2. 函数 $y = f(x)$ 在 (a,b) 内存在二阶导数，且（　　），则函数 $y = f(x)$ 在 (a,b) 内单调递增而且是凸的.

A. $f'(x) > 0, f''(x) > 0$

B. $f'(x) > 0, f''(x) < 0$

C. $f'(x) < 0, f''(x) > 0$

D. $f'(x) < 0, f''(x) < 0$

3. 如果一个连续函数在闭区间上既有极大值，又有极小值，则（　　）.

A. 极大值一定是最大值

B. 极小值一定是最小值

C. 极大值一定比极小值大

D. 极大值不一定是最大值，极小值也不一定是最小值

4. 函数 $y = f(x)$ 在 x_0 处取得极大值，则必有（　　）.

A. $f'(x_0) = 0$

B. $f''(x_0) < 0$

C. $f'(x_0) = 0$ 且 $f''(x_0) < 0$

D. $f'(x_0) = 0$ 或 $f'(x_0)$ 不存在

5. 函数 $y = x - 12\sqrt[3]{x^2}$ 单调递增区间是（　　）.

A. $(0, +\infty)$ 　　　　　B. $(2, +\infty)$

C. $(0, 2)$ 　　　　　D. $(-\infty, 0)$

6. 设 $y = 3\ln(1 - 2x)$ 则 $y'' = $（　　）.

A. $\dfrac{6}{(1-2x)^2}$ 　　　　　B. $\dfrac{-6}{(1-2x)^2}$

C. $\dfrac{-12}{(1-2x)^2}$ 　　　　　D. $\dfrac{12}{(1-2x)^2}$

7. 已知 $y = x\ln x$，则 $y^{(10)} = $（　　）.

A. $-\dfrac{1}{x^9}$ 　　　　　B. $\dfrac{1}{x^9}$

C. $\dfrac{8!}{x^9}$ 　　　　　D. $-\dfrac{8!}{x^9}$

8. 已知当 $|x|$ 很小时，$\sin x \approx x$，所以下列计算中正确的是（　　）.

A. $\sin 1^{\pi} \approx 1$ 　　　　　B. $\sin \pi \approx \dfrac{\pi}{180}$

C. $\sin \dfrac{\pi}{2} \approx \dfrac{\pi}{2}$ 　　　　　D. $\sin(-\pi) \approx -\pi$

9. 设函数 $y = f(9 - x^2)$，则 $\mathrm{d}y = $（　　）.

A. $-2xf'(9-x^2)\mathrm{d}x$ 　　　　　B. $xf'(9-x^2)\mathrm{d}x$

C. $-2f'(9-x^2)\mathrm{d}x$ 　　　　　D. $2xf'(9-x^2)\mathrm{d}x$

10. 函数 $y = x^3 - x^2 + 5$ 在 $x = 1$，$\Delta x = 0.1$ 时的增量和微分是（　　）.

A. $0.121, 0.1$ 　　　　　B. $0.121, 1$

C. $1.121, 0.1$ 　　　　　D. $1.121, 1$

三、计算题

1. 计算下列函数的极限.

(1) $\lim\limits_{x \to 2} \dfrac{x^2 - 3x + 2}{x - 2}$；　　　　　(2) $\lim\limits_{x \to 0} \dfrac{1 - \cos 3x}{x\ln(1 - 6x)}$；

(3) $\lim\limits_{x \to 0}\left(\dfrac{1}{x} - \dfrac{1}{\mathrm{e}^x - 1}\right)$；　　　　　(4) $\lim\limits_{x \to 0} \dfrac{\ln\tan 7x}{\ln\tan 2x}$；

(5) $\lim\limits_{x \to 0} \dfrac{x - \sin x}{x - x\cos x}$；　　　　　(6) $\lim\limits_{x \to 1}\left(\dfrac{x}{x - 1} - \dfrac{1}{\ln x}\right)$.

2. 求下列函数的导数.

(1) $y = \ln\sin x + \cos\ln x$；　　　　　(2) $y = \sin^2 x + \sin x^2$；

(3) $y = \sqrt[3]{x + \sqrt{x}}$；　　　　　(4) $y = \mathrm{e}^{\sin x} \cdot \tan 5x$.

3. 求下列隐函数的导数.

(1) $y^3 - 8xy^2 + x - 7 = 0$；　　　　　(2) $\mathrm{e}^x + \mathrm{e}^y + xy = 6$；

(3) $y\sin(xy)=x^2+1$；   (4) $3\sin y-x\cos(x+y)=0$.

4. 求下列参数方程所确定的函数的导数.

(1) $\begin{cases} x=a(t-\sin t) \\ y=a(1-\cos t) \end{cases}$；   (2) $\begin{cases} x=t^2+t-1 \\ y=t^3-t^2+7t \end{cases}$.

5. 求下列函数的微分.

(1) $y=\sin^2(\ln x)$；   (2) $y=\arctan\sqrt{x^2-1}+\ln 3x$.

四、解答题

1. 求函数 $y=xe^{-x}$ 的凹凸区间及拐点.

2. 求下列函数的极值.

(1) $f(x)=x^3-9x^2+15x+3$；   (2) $f(x)=x-\ln(x^2-3)$.

3. 求函数 $f(x)=x^4-3x^2+6$ 在 $[-2,2]$ 上的最大值和最小值.

4. 计算 $\cos 60°30'$ 的近似值.

5. 计算 $e^{1.01}$ 的近似值.

模块四 一元函数积分学及应用

目标导航

☑知识目标：了解函数的不定积分的概念和性质，了解定积分的概念和性质，了解微积分基本定理.

☑能力目标：熟练掌握不定积分的第一类换元积分法、第二类换元积分法、分部积分法；熟练掌握定积分的第一类换元积分法、第二类换元积分法、分部积分法.

☑素质目标：培养学生良好、健康的生活习惯.

问题情境

高铁上禁止吸烟. 车厢内安装了大量烟雾报警装置，与列车的自动运行相连，只要检测到一定浓度的烟雾，列车就会刹车并报警，定位车厢内烟雾的位置.

从济南开往上海虹桥的一列高铁上，车厢内的烟雾报警器响起，列车以速度 $v(t) = 5 - t + \dfrac{115}{2t+3}$ 紧急刹车至停止，t 的单位为 s，$v(t)$ 的单位为 m/s. 求：（1）从开始紧急刹车到列车完全停止所用的时间；（2）紧急刹车后列车运行的路程.

学习任务一　不定积分的认识

4.1 原函数与不定积分

1. 原函数

设函数 $f(x)$ 在区间 I 上有定义，若对任意 $x \in I$ 都有可导函数 $F(x)$，使 $F'(x) = f(x)$ 或 $\mathrm{d}F(x) = f(x)\mathrm{d}x$，则称 $F(x)$ 为 $f(x)$ 在区间 I 上的一个原函数.

例 4-1 求函数 $y = \cos x$ 的原函数.

解： 由 $(\sin x)' = \cos x$，得 $\sin x$ 为 $\cos x$ 的原函数.
同样 $(\sin x - 2)' = \cos x$，所以 $\sin x - 2$ 也是 $\cos x$ 的原函数.

微课

原函数与不定积分

由例 4-1 可以发现，$\sin x$ 加上任意常数 C，其求导结果还是 $\cos x$，即 $\sin x + C$ 也是 $\cos x$ 的原函数. 可见一个函数若存在原函数，其原函数有无穷多个.

2. 原函数族

如果函数 $f(x)$ 在区间 I 上有一个原函数 $F(x)$，则 $F(x) + C$ 也是函数 $f(x)$ 在区间 I

上的原函数，并且 $f(x)$ 的任意原函数都可以表示为 $F(x)+C$ 的形式，$F(x)+C$ 叫作 $f(x)$ 的**原函数族**.

由以上两个定义得：

(1)如果函数 $f(x)$ 的一个原函数为 $F(x)$，则 $F(x)+C$ 是 $f(x)$ 的所有原函数；

(2)$f(x)$ 的任意两个原函数之间只差一个常数.

例 4-2 求 $f(x)=x^8-\sin x$ 的所有原函数.

解：因为 $\left(\dfrac{1}{9}x^9+\cos x\right)'=x^8-\sin x$，所以 $\dfrac{1}{9}x^9+\cos x$ 是 $f(x)$ 的一个原函数，$f(x)$ 的所有原函数是 $\dfrac{1}{9}x^9+\cos x+C$.

例 4-3 设 $F_1(x)$，$F_2(x)$ 是 $f(x)$ 的两个不同的原函数，求 $F_1(x)-F_2(x)$.

解：因同一函数的任意两个原函数之间只差一个常数，因此 $F_1(x)-F_2(x)=C$，C 为常数.

3. 不定积分

若 $f(x)$ 在区间 I 的一个原函数为 $F(x)$，则 $f(x)$ 的原函数族 $F(x)+C$ 称为 $f(x)$ 的不定积分，记为 $\displaystyle\int f(x)\mathrm{d}x$ ，即

$$\int f(x)\mathrm{d}x=F(x)+C.$$

其中 $\displaystyle\int$ 为积分号，$f(x)$ 为被积函数，$f(x)\mathrm{d}x$ 为积分表达式，x 为积分变量.

由以上定义可知，某个函数的不定积分实际就是此函数的原函数族.

例 4-4 求 $\displaystyle\int 6x^5\mathrm{d}x$.

解：因为 $(x^6)'=6x^5$，即 x^6 为 $6x^5$ 的一个原函数，所以 $\displaystyle\int 6x^5\mathrm{d}x=x^6+C$.

例 4-5 求 $\displaystyle\int\dfrac{2}{\sqrt{1-x^2}}\mathrm{d}x$.

解：因为 $(2\arcsin x)'=\dfrac{2}{\sqrt{1-x^2}}$，所以 $\displaystyle\int\dfrac{2}{\sqrt{1-x^2}}\mathrm{d}x=2\arcsin x+C$.

4. 不定积分的几何意义

设 $y=F(x)$ 表示一条曲线，$y=F(x)+C$ 表示一个曲线族，故通常将 $f(x)$ 的不定积分 $\displaystyle\int f(x)\mathrm{d}x=F(x)+C$ 称为 $f(x)$ 的**积分曲线族**，不同的 C 对应的是不同的积分曲线.

从图 4-1 中可以看出，同一函数的积分曲线互相"平行"，两两不存在交点，即任意一条积分曲线都可以通过 $y=F(x)$ 平移得到，且每条积分曲线在同一横坐标处的切线斜率相同.

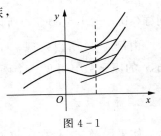

图 4-1

例 4 - 6　已知曲线上任意一点 $P(x,y)$ 处切线斜率等于该点横坐标平方的 6 倍，且过点 $(2,17)$，求该曲线的表达式.

解：设曲线的表达式为 $y=f(x)$，由题可得

$$f'(x)=6x^2,$$

则

$$f(x)=\int 6x^2\,\mathrm{d}x=2x^3+C.$$

再由曲线过点 $(2,17)$，将该点坐标代入上式得 $17=16+C$，所以 $C=1$.

综上，此曲线的表达式为 $f(x)=2x^3+1$.

> **知识延伸**
>
> 微积分成为一门学科是在 17 世纪. 随着资本主义革命和工业化的发展，有许多亟待解决的问题，这些问题主要分为 4 种类型：(1)求瞬时速度问题；(2)求曲线的切线问题；(3)求函数的最值问题；(4)求曲线长、曲线围成的面积、曲面围成的体积、物体的重心等问题.

同步练习 4.1

1. 基础练习

(1)写出下列函数的一个原函数.

① e^x；　　　② $\cos x$；　　　③ $8x^7$；　　　④ $\dfrac{1}{1+x^2}$.

(2)求下列不定积分.

① $\displaystyle\int 9x^8\,\mathrm{d}x$；　② $\displaystyle\int \dfrac{1}{x}\,\mathrm{d}x\,(x>0)$；　③ $\displaystyle\int 3^x\,\mathrm{d}x$；　④ $\displaystyle\int \dfrac{6}{\sqrt{1-x^2}}\,\mathrm{d}x$.

2. 进阶练习

(1)写出下列函数的一个原函数.

① e^{6x}；　　　② $\sin 9x$；　　　③ x^5-1.

(2)判断下列不定积分是否正确.

① $\displaystyle\int \dfrac{1}{2\sqrt{x}}\,\mathrm{d}x=\sqrt{x}+C$；　　　② $\displaystyle\int 6^x\,\mathrm{d}x=6^x+C$；

③ $\displaystyle\int \dfrac{1}{3x^2+1}\,\mathrm{d}x=\ln(3x^2+1)+C$；　　④ $\displaystyle\int \mathrm{e}^{1-2x}\,\mathrm{d}x=\mathrm{e}^{1-2x}+C$.

3. 致思空间

在我们所学过的学科中，有很多关于原函数的知识，如速度关于时间的函数，其原函数是路程关于时间的函数. 你还能想到类似的例子吗？

4.2 不定积分的基本公式

由 4.1 节可以知道，不定积分实际上是微分的逆运算，而对于微分我们已经学习过微分的基本公式，为后面复杂函数微分的计算奠定了基础．同样，不定积分也有基本的积分公式，均可通过微分公式推导．

例 4 - 7 求 $\int x^5 \mathrm{d}x$．

解： 对于幂函数，因 $\left(\dfrac{x^6}{6}\right)' = x^5$，所以 $\int x^5 \mathrm{d}x = \dfrac{x^6}{6} + C$；同理 $\left(\dfrac{x^7}{7}\right)' = x^6$，所以 $\int x^6 \mathrm{d}x = \dfrac{x^7}{7} + C$．根据规律可以推出幂函数的积分公式

$$\int x^\alpha \mathrm{d}x = \frac{x^{\alpha+1}}{\alpha+1} + C (\alpha \neq -1).$$

例 4 - 8 求 $\int \dfrac{1}{x} \mathrm{d}x$．

解： 若例 4 - 7 中的 $\alpha = -1$，则 $\int x^{-1} \mathrm{d}x = \int \dfrac{1}{x} \mathrm{d}x$，对此分两种情况．当 $x > 0$ 时，$(\ln x)' = \dfrac{1}{x}$，则 $\int \dfrac{1}{x} \mathrm{d}x = \ln x + C$；当 $x < 0$ 时，$[\ln(-x)]' = \dfrac{1}{-x} \cdot (-x)' = \dfrac{1}{x}$，$\int \dfrac{1}{x} \mathrm{d}x = \ln(-x) + C$．综上可得

$$\int \frac{1}{x} \mathrm{d}x = \ln|x| + C.$$

例 4 - 9 求 $\int 3 \mathrm{d}x$．

解： 因 $(3x)' = 3$，所以 $\int 3 \mathrm{d}x = 3x + C$．根据规律可以推出常数函数的积分公式

$$\int k \mathrm{d}x = kx + C.$$

例 4 - 7 给出了幂函数的积分公式，常用的不定积分基本公式如下．

(1) $\int k \mathrm{d}x = kx + C$（$k$ 为常数）；　　　　(2) $\int x^\alpha \mathrm{d}x = \dfrac{x^{\alpha+1}}{\alpha+1} + C (\alpha \neq -1)$；

(3) $\int \dfrac{1}{x} \mathrm{d}x = \ln|x| + C$；　　　　(4) $\int a^x \mathrm{d}x = \dfrac{a^x}{\ln a} + C (a > 0)$；

(5) $\int \mathrm{e}^x \mathrm{d}x = \mathrm{e}^x + C$；　　　　(6) $\int \cos x \mathrm{d}x = \sin x + C$；

(7) $\int \sin x \mathrm{d}x = -\cos x + C$；

(8) $\int \sec^2 x \mathrm{d}x = \int \dfrac{1}{\cos^2 x} \mathrm{d}x = \tan x + C$；

(9) $\int \csc^2 x \mathrm{d}x = \int \dfrac{1}{\sin^2 x} \mathrm{d}x = -\cot x + C$；

(10) $\displaystyle\int \sec x \tan x \, dx = \sec x + C;$

(11) $\displaystyle\int \csc x \cot x \, dx = -\csc x + C;$

(12) $\displaystyle\int \frac{1}{\sqrt{1-x^2}} \, dx = \arcsin x + C;$

(13) $\displaystyle\int \frac{1}{1+x^2} \, dx = \arctan x + C.$

以上公式是积分运算的基础，熟练记忆对积分运算有极大的帮助．

> **知识延伸**
>
> 并非所有的函数都有原函数，有些函数的原函数虽然存在，却不能表示为初等函数，如 $y = \dfrac{\sin x}{x}$ 的原函数就不能表示为初等函数．

同步练习 4.2

1. 基础练习

计算下列不定积分．

① $\displaystyle\int x^2 \, dx = $ _____；　　② $\displaystyle\int 5^x \, dx = $ _____；

③ $\displaystyle\int \sqrt{x} \, dx = $ _____；　　④ $\displaystyle\int \frac{1}{1+x^2} \, dx = $ _____；

⑤ $\displaystyle\int \frac{1}{x} \, dx = $ _____；　　⑥ $\displaystyle\int \frac{1}{\sqrt{1-x^2}} \, dx = $ _____；

⑦ $\displaystyle\int \sin x \, dx = $ _____；　　⑧ $\displaystyle\int \cos x \, dx = $ _____；

⑨ $\displaystyle\int \sec^2 x \, dx = $ _____；　　⑩ $\displaystyle\int \csc^2 x \, dx = $ _____．

2. 进阶练习

求下列不定积分．

① $\displaystyle\int \frac{1}{x^3} \, dx$；　　② $\displaystyle\int \frac{x^2 \cdot \sqrt[3]{x}}{\sqrt{x}} \, dx$；　　③ $\displaystyle\int 2^x 5^x \, dx$；　　④ $\displaystyle\int \sec^2 x \, dx$．

3. 致思空间

被积函数相同则不定积分的结果也一定相同吗？是或者不是都请举例并说明原因．

4.3 不定积分的性质

1. 不定积分与微分（导数）的关系

由不定积分与微分或者导数运算之间的互逆关系可得如下性质：

(1) $\left[\int f(x)\mathrm{d}x\right]' = f(x)$ 或 $\mathrm{d}\left[\int f(x)\mathrm{d}x\right] = f(x)\mathrm{d}x$；

(2) $\int f'(x)\mathrm{d}x = f(x) + C$ 或 $\int \mathrm{d}f(x) = f(x) + C$.

例 4-10 求 (1) $\left[\int 3^x \sin x\,\mathrm{d}x\right]'$；　　(2) $\int\left(\dfrac{x}{x^2-1}\right)'\mathrm{d}x$

解： (1) 对于 $\left[\int 3^x \sin x\,\mathrm{d}x\right]'$，根据性质 (1) 可得 $\left[\int 3^x \sin x\,\mathrm{d}x\right]' = 3^x \sin x$；

(2) 对于 $\int\left(\dfrac{x}{x^2-1}\right)'\mathrm{d}x$，根据性质 (2) 可得 $\int\left(\dfrac{x}{x^2-1}\right)'\mathrm{d}x = \dfrac{x}{x^2-1} + C$.

2. 不定积分的线性运算性质

对于不定积分，仅依靠基本公式显然是不够的，对于一些简单函数的不定积分，我们还需要如下的运算法则.

(1) 加减法则：若函数 $f(x),g(x)$ 的原函数都存在，则

$$\int[f(x)\pm g(x)]\mathrm{d}x = \int f(x)\mathrm{d}x \pm \int g(x)\mathrm{d}x.$$

注：法则还可以推广到有限多个函数相加减求积分.

例 4-11 求 $\int(x^3 + \sin x - 8)\mathrm{d}x$.

解： 根据加减法则，有

$$\int(x^3 + \sin x - 8)\mathrm{d}x = \int x^3\mathrm{d}x + \int \sin x\,\mathrm{d}x - \int 8\mathrm{d}x = \frac{1}{4}x^4 - \cos x - 8x + C.$$

(2) 数乘法则：若函数 $f(x)$ 的原函数都存在，对任意的常数 $K(K\neq 0)$，有

$$\int Kf(x)\mathrm{d}x = K\int f(x)\mathrm{d}x.$$

例 4-12 求 $\int 3\cos x\,\mathrm{d}x$.

解： 根据数乘法则 $\int 3\cos x\,\mathrm{d}x = 3\int \cos x\,\mathrm{d}x = 3\sin x + C$.

注：以上两个运算法则统称为不定积分的**线性运算性质**.

例 4-13 求 $\int\left(5x^3 - 3\mathrm{e}^x + \dfrac{9}{1+x^2}\right)\mathrm{d}x$.

解： $\int\left(5x^3 - 3\mathrm{e}^x + \dfrac{9}{1+x^2}\right)\mathrm{d}x = \int 5x^3\mathrm{d}x - \int 3\mathrm{e}^x\mathrm{d}x + \int \dfrac{9}{1+x^2}\mathrm{d}x$

$$= 5\int x^3 \mathrm{d}x - 3\int \mathrm{e}^x \mathrm{d}x + 9\int \frac{1}{1+x^2} \mathrm{d}x$$

$$= \frac{5}{4}x^4 - 3\mathrm{e}^x + 9\arctan x + C.$$

同步练习 4.3

1. 基础练习

（1）完成下列填空题.

① $\int (x^2 + 2)\mathrm{d}x = $ _____.　　② $\int 5^x \mathrm{d}x = $ _____.

③ $\int \frac{1}{3}\sin x \mathrm{d}x = $ _____.　　④ $\int \sec^2 x \mathrm{d}x = $ _____.

⑤ $\int 2\csc x \cot x \mathrm{d}x = $ _____.　　⑥ $\int x^{-\frac{1}{3}} \mathrm{d}x = $ _____.

（2）设 $f(x)$ 存在原函数，则 $\dfrac{\mathrm{d}\int f(x)\mathrm{d}x}{3\mathrm{d}x} = ($ 　　$)$.

A. $\dfrac{f(x)}{3}$　　B. $\dfrac{f(x)}{3} + C$　　C. $\dfrac{f(x)}{3}\mathrm{d}x$　　D. $\dfrac{\mathrm{d}f(x)}{3}$

2. 进阶练习

（1）求下列不定积分.

① $\int \dfrac{3}{x^3}\mathrm{d}x$；　　② $\int \dfrac{x^2}{\sqrt{x}}\mathrm{d}x$；　　③ $\int \left(x - \dfrac{1}{\sqrt{x}}\right)\mathrm{d}x$；　　④ $\int (1 + \sec^2 x)\mathrm{d}x$.

（2）求通过点 $(0,6)$ 且斜率为 $\sqrt{x} + 2x$ 的曲线表达式.

3. 致思空间

两个函数和的不定积分等于不定积分的和，两个函数差的不定积分等于不定积分的差. 那两个函数乘积的不定积分为什么不一定等于不定积分的乘积呢？请举例说明.

学习任务二　不定积分的计算方法

4.4　直接积分法

微课

直接积分方法

案例 4-1　已知列车做直线运动，其加速度为 $a = 12t^2 - 3\sin t$，当 $t = 0$ 时，$v = 5$，$s = 3$，则速度 v 与时间 t 的函数关系式，路程 s 与时间 t 的函数关系式如何？

分析：由题意得 $v = \int (12t^2 - 3\sin t)\mathrm{d}t$，$s = \int v\mathrm{d}t$，因此需先解出

速度与时间的函数关系式.

所谓直接积分方法，即将原积分中的被积函数经过恒等变形，化为基本积分公式的代数和，再用公式逐项进行积分运算的方法.

例 4 - 14 求不定积分 $\int(\sqrt{x}+1)\left(x-\dfrac{1}{\sqrt{x}}\right)\mathrm{d}x$.

解：经过分析可以看到，首先需要将积分的被积函数的括号打开，被积函数就变为多个幂函数的代数和，然后逐项用幂函数的积分公式便可得到积分结果.

$$\int(\sqrt{x}+1)\left(x-\frac{1}{\sqrt{x}}\right)\mathrm{d}x=\int\left(\sqrt{x}\cdot x+x-1-\frac{1}{\sqrt{x}}\right)\mathrm{d}x=\int(x^{\frac{3}{2}}+x-1-x^{-\frac{1}{2}})\mathrm{d}x$$

$$=\frac{2}{5}x^{\frac{5}{2}}+\frac{1}{2}x^2-x-2x^{\frac{1}{2}}+C.$$

例 4 - 15 求不定积分 $\int\dfrac{3x^2+4}{x^2}\mathrm{d}x$.

解：通过观察可以发现，被积函数的分子分母次数相同，因此可以将分子经过配凑，再化简被积函数

$$\int\frac{3x^2+4}{x^2}\mathrm{d}x=\int\left(3+\frac{4}{x^2}\right)\mathrm{d}x=3x-\frac{4}{x}+C.$$

例 4 - 16 求不定积分 $\int\sin^2\dfrac{x}{2}\mathrm{d}x$.

解：根据余弦函数的二倍角公式，此不定积分的被积函数可以化为

$$\sin^2\frac{x}{2}=\frac{1-\cos x}{2},$$

则原积分变为

$$\int\sin^2\frac{x}{2}\mathrm{d}x=\int\frac{1-\cos x}{2}\mathrm{d}x=\frac{1}{2}\int(1-\cos x)\mathrm{d}x=\frac{1}{2}(x-\sin x)+C.$$

同步练习 4.4

1. 基础练习

计算下列不定积分.

① $\int\sqrt{x}\left(\dfrac{1}{\sqrt{x}}-3\right)\mathrm{d}x$；

② $\int\dfrac{x^2+2x-1}{x^2}\mathrm{d}x$；

③ $\int 3^x\cdot\mathrm{e}^x\mathrm{d}x$；

④ $\int\dfrac{2^x-3^x}{5^x}\mathrm{d}x$；

⑤ $\int\dfrac{x^4+x^2-1}{1+x^2}\mathrm{d}x$；

⑥ $\int\cos^2\dfrac{x}{2}\mathrm{d}x$.

2. 进阶练习

计算下列不定积分.

① $\int\dfrac{1}{\sin^2\dfrac{x}{2}\cos^2\dfrac{x}{2}}\mathrm{d}x$；

② $\int\dfrac{1}{\sin^2 x\cos^2 x}\mathrm{d}x$；

③ $\int\dfrac{\cos 2x}{\cos x-\sin x}\mathrm{d}x$；

④ $\int \dfrac{x^4}{1+x^2}\mathrm{d}x$; ⑤ $\int\left(\sqrt{1-x^2}+\dfrac{x^2}{\sqrt{1-x^2}}\right)\mathrm{d}x$;

⑥ $\int \mathrm{e}^x\left(1-\dfrac{\mathrm{e}^{-x}}{1+x^2}\right)\mathrm{d}x$.

3. 致思空间

黑龙江水系是东亚地区流域面积最大的水系，也是结冰期最长的河流，其结冰的速度为 $\dfrac{\mathrm{d}y}{\mathrm{d}t}=4\sqrt{t}$ ，其中 y 是自结冰起到时刻 t（单位：h）冰的厚度（单位：cm），求结冰厚度 y 关于时间 t 的函数关系式.

4.5 换元积分法

由 4.4 节可以看出，直接积分方法就是通过简单的代数、三角变形等恒等变形后，将被积函数化为可以用基本公式进行积分运算的方法. 但事实上，由于被积函数的形式繁多，能利用直接积分方法进行求解的不定积分是很有限的. 为此，我们还得学习其他求不定积分的方法.

本节，我们将学习不定积分的换元积分法，其总体思想是将原不定积分里面的被积函数经过积分变量换元后，变成能用基本公式进行计算的形式.

1. 第一类换元积分法

引例 4 - 1 对于不定积分 $\int \cos 5x\,\mathrm{d}x$ ，可以看到被积函数 $\cos 5x$ 是复合函数，不能直接运用公式. 我们考虑换元，即令 $u=5x$ ，则 $x=\dfrac{1}{5}u$ ，原积分变为

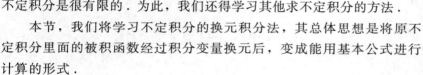

$$\int \cos 5x\,\mathrm{d}x = \frac{1}{5}\int \cos 5x\,\mathrm{d}5x \xrightarrow{\text{令}\,u=5x} \frac{1}{5}\int \cos u\,\mathrm{d}u.$$

可以看到，通过换元将积分变成以 u 为积分变量，以余弦函数为被积函数的新积分，直接利用基本积分公式得

$$\frac{1}{5}\int \cos u\,\mathrm{d}u = \frac{1}{5}\sin u + C.$$

再回代 $u=5x$ ，得结果为

$$\int \cos 5x\,\mathrm{d}x = \frac{1}{5}\sin 5x + C.$$

通过引例 4 - 1 可以发现，第一类换元积分法将被积函数中的某一个整体当作新的变量，进而变化为另一个新的简单的积分，此方法也称为凑微分法. 读者可以在后续的练习中体会此方法.

例 4 - 17　求 $\int (3x+5)^{99}\,\mathrm{d}x$.

微课

换元积分法（2）

解： 令 $u=3x+5$，则 $x=\dfrac{u-5}{3}$，$\mathrm{d}x=\mathrm{d}\left(\dfrac{u-5}{3}\right)=\dfrac{1}{3}\mathrm{d}u$，代入得

$$\int (3x+5)^{99}\,\mathrm{d}x=\frac{1}{3}\int u^{99}\,\mathrm{d}u=\frac{1}{3}\cdot\frac{1}{100}u^{100}+C$$

$$\xlongequal{\text{回代}\ u=3x+5}\frac{1}{300}(3x+5)^{100}+C.$$

例 4 - 18　求 $\int \sec^2(3x+1)\,\mathrm{d}x$.

解： 令 $u=3x+1$，则 $x=\dfrac{u-1}{3}$，$\mathrm{d}x=\dfrac{1}{3}\mathrm{d}u$，代入得

$$\int \sec^2(3x+1)\,\mathrm{d}x=\frac{1}{3}\int \sec^2 u\,\mathrm{d}u=\frac{1}{3}\tan u+C\xlongequal{\text{回代}\ u=3x+1}\frac{1}{3}\tan(3x+1)+C.$$

在对第一类换元积分法比较熟练后，可以省略变量替换的步骤，直接进行求解．

例 4 - 19　求 $\int x^2\mathrm{e}^{x^3+1}\,\mathrm{d}x$.

解： $\int x^2\mathrm{e}^{x^3+1}\,\mathrm{d}x=\int \mathrm{e}^{x^3+1}\mathrm{d}\left(\dfrac{1}{3}x^3\right)=\dfrac{1}{3}\int \mathrm{e}^{x^3+1}\mathrm{d}(x^3+1)=\dfrac{1}{3}\mathrm{e}^{x^3+1}+C.$

例 4 - 20　求 $\int \tan x\,\mathrm{d}x$.

解： $\int \tan x\,\mathrm{d}x=\int \dfrac{\sin x}{\cos x}\,\mathrm{d}x=-\int \dfrac{1}{\cos x}\mathrm{d}\cos x=-\ln|\cos x|+C.$

从上面的例题可以看出，第一类换元积分法的关键在于凑微分，即在微分符号后凑出合适的换元整体．现将一些常用的凑微分公式罗列如下，熟悉这些公式能帮助读者更快地凑出需要的微分形式．

①$\mathrm{d}x=\dfrac{1}{a}\mathrm{d}(ax+b)$，可以推广为 $\mathrm{d}\varphi(x)=\dfrac{1}{a}\mathrm{d}[a\varphi(x)+b]$.

例如，$\mathrm{d}x=\dfrac{1}{3}\mathrm{d}(3x+2)$，$\mathrm{d}\sin x=\dfrac{1}{2}\mathrm{d}(2\sin x+3)$.

②$x\,\mathrm{d}x=\dfrac{1}{2}\mathrm{d}x^2$，$x^2\,\mathrm{d}x=\dfrac{1}{3}\mathrm{d}x^3$，$\dfrac{1}{x^2}\,\mathrm{d}x=-\mathrm{d}\left(\dfrac{1}{x}\right)$，$\dfrac{1}{x}\,\mathrm{d}x=\mathrm{d}\ln x\ (x>0)$，$\dfrac{1}{\sqrt{x}}\,\mathrm{d}x=2\mathrm{d}\sqrt{x}\ (x>0)$.

③$\mathrm{e}^x\,\mathrm{d}x=\mathrm{d}\mathrm{e}^x$.

④$\sin x\,\mathrm{d}x=-\mathrm{d}(\cos x)$，$\cos x\,\mathrm{d}x=\mathrm{d}(\sin x)$，$\sec^2 x\,\mathrm{d}x=\mathrm{d}(\tan x)$，$\csc^2 x\,\mathrm{d}x=-\mathrm{d}(\cot x)$.

⑤$\dfrac{1}{\sqrt{1-x^2}}\,\mathrm{d}x=\mathrm{d}(\arcsin x)$，$\dfrac{1}{1+x^2}\,\mathrm{d}x=\mathrm{d}(\arctan x)$.

例 4 - 21　求 $\int \dfrac{1}{x\ln^3 x}\,\mathrm{d}x$.

解： 因为 $(\ln x)'=\dfrac{1}{x}$，令 $u=\ln x$，则 $x=\mathrm{e}^u$，$\mathrm{d}x=\mathrm{e}^u\,\mathrm{d}u=x\,\mathrm{d}u$，代入得

$$\int \frac{1}{x \ln^3 x} dx = \int \frac{1}{x u^3} x \, du = \int u^{-3} du = -\frac{1}{2} u^{-2} + C \xrightarrow{\text{回代 } u = \ln x} \frac{1}{2 \ln^2 x} + C.$$

在不定积分中，有理分式和三角函数的不定积分是常见的两类不定积分，我们通过举例的方式来展示这两类不定积分的求法.

(1)有理分式型被积函数的不定积分

例 4 - 22　求 $\int \frac{2x}{x-1} dx$.

解：$\int \frac{2x}{x-1} dx = 2\int \frac{x-1+1}{x-1} dx = 2\int \left(1 + \frac{1}{x-1}\right) dx$

$$= 2x + 2\int \frac{1}{x-1} d(x-1) = 2x + 2\ln|x-1| + C.$$

例 4 - 23　求 $\int \frac{1}{x^2-1} dx$.

解：$\int \frac{1}{x^2-1} dx = \int \frac{1}{(x-1)(x+1)} dx = \frac{1}{2} \int \frac{(x+1)-(x-1)}{(x-1)(x+1)} dx$

$$= \frac{1}{2} \int \left(\frac{1}{x-1} - \frac{1}{x+1}\right) dx$$

$$= \frac{1}{2}(\ln|x-1| - \ln|x+1|) + C$$

$$= \frac{1}{2} \ln \left|\frac{x-1}{x+1}\right| + C.$$

解答技巧：①观察分子分母的组成与关系，通过添项进行变形，进而选择方法计算.

②例 4 - 23 中 $\int \frac{1}{x-1} dx$ 与 $\int \frac{1}{x+1} dx$ 的求解可以推广为 $\int \frac{1}{x+a} dx = \ln|x+a| + C$ （a 为常数），可作为公式记忆.

(2)三角函数型被积函数的不定积分

例 4 - 24　求 $\int \sin^3 x \, dx$.

解：$\int \sin^3 x \, dx = \int \sin^2 x \sin x \, dx = -\int (1 - \cos^2 x) d\cos x$

$$= -\int d\cos x + \int \cos^2 x \, d\cos x$$

$$= -\cos x + \frac{1}{3} \cos^3 x + C.$$

例 4 - 25　求 $\int \cos 7x \sin x \, dx$.

解：使用积化和差公式，原积分可变形为

$$\int \cos 7x \sin x \, dx = \frac{1}{2} \int [\sin(7x + x) - \sin(7x - x)] dx$$

$$= \frac{1}{2} \int (\sin 8x - \sin 6x) dx = -\frac{1}{16} \cos 8x + \frac{1}{12} \cos 6x + C.$$

解答技巧：含有三角函数的被积函数求不定积分，是无法直接使用积分计算方法求解的，可以结合三角函数恒等式，变形后再计算积分.

2. 第二类换元积分法

对于某些不定积分，利用凑微分的方法不容易得到积分结果. 从前面的学习我们知道凑微分是先凑出某个式子，再整体换元. 第二类换元积分法的思路刚好相反，即当 $\int f(x)\mathrm{d}x$ 不易积分时，先选取适当的变量替换，即 $x=\varphi(t)$，将 $\int f(x)\mathrm{d}x$ 化为 $\int f(\varphi(t))\cdot\varphi'(t)\mathrm{d}t$ 再进行积分.

第二类换元积分法常常用在以下两种情况中.

(1)根式的整体代换：如果被积函数中出现 $\sqrt[n]{ax+b}$（或 $\sqrt[n]{\dfrac{ax+b}{cx+\mathrm{d}}}$ ），一般进行代换，即令 $\sqrt[n]{ax+b}=t$（或 $\sqrt[n]{\dfrac{ax+b}{cx+\mathrm{d}}}=t$），将根号去掉，再进行积分.

例 4 - 26　求 $\displaystyle\int\frac{1}{\sqrt{x}-3}\mathrm{d}x$.

解：令 $\sqrt{x}=t$，则 $x=t^2$，从而 $\mathrm{d}x=2t\,\mathrm{d}t$，

$$\int\frac{1}{\sqrt{x}-3}\mathrm{d}x=\int\frac{2t}{t-3}\mathrm{d}t=2\int\frac{t-3+3}{t-3}\mathrm{d}t=2\left(\int\mathrm{d}t+3\int\frac{1}{t-3}\mathrm{d}t\right)$$

$$=2t-6\ln|t-3|+C$$

再将 $t=\sqrt{x}$ 代回，得

$$\int\frac{1}{\sqrt{x}-3}\mathrm{d}x=2\sqrt{x}-6\ln|\sqrt{x}-3|+C.$$

例 4 - 27　求 $\displaystyle\int\frac{1}{\sqrt{x}\,(1+\sqrt[3]{x})}\mathrm{d}x$.

解：被积函数同时出现 $\sqrt{x}$ 和 $\sqrt[3]{x}$，则令 $\sqrt[6]{x}=t$，则 $x=t^6$，从而 $\mathrm{d}x=6t^5\,\mathrm{d}t$，

$$\int\frac{1}{\sqrt{x}\,(1+\sqrt[3]{x})}\mathrm{d}x=\int\frac{1}{t^3(1+t^2)}\cdot6t^5\,\mathrm{d}t=6\int\frac{t^2}{1+t^2}\mathrm{d}t=6\left(\int\mathrm{d}t-\int\frac{1}{1+t^2}\mathrm{d}t\right)$$

$$=6(t-\arctan t)+C$$

代回 $t=\sqrt[6]{x}$，得

$$\int\frac{1}{\sqrt{x}\,(1+\sqrt[3]{x})}\mathrm{d}x=6(\sqrt[6]{x}-\arctan\sqrt[6]{x})+C.$$

(2)三角代换：可以看出根式的整体代换的核心思想是将根式整体代换达到去根号的效果，进而将原积分简单化. 但也可以用开方的方法去除根号，这便是三角代换的核心思想. 一般地，根据被积函数的根式类型，常常会遇到如下的三角变换.

①若被积函数中含有根式 $\sqrt{a^2-x^2}$，可进行变量代换，即令 $x=a\sin t\left(-\dfrac{\pi}{2}\leqslant t\leqslant\dfrac{\pi}{2}\right)$，消除根号，此时根据公式 $\sin^2 t+\cos^2 t=1$，可得 $\sqrt{a^2-x^2}=a\cos t$.

例 4-28 求 $\displaystyle\int\frac{1}{\sqrt{(1-x^2)^3}}\mathrm{d}x$.

解： 令 $x=\sin t\left(-\dfrac{\pi}{2}<t<\dfrac{\pi}{2}\right)$，从而 $\mathrm{d}x=\cos t\,\mathrm{d}t$，$\sqrt{1-x^2}=\cos t$，

$$\int\frac{1}{\sqrt{(1-x^2)^3}}\mathrm{d}x=\int\frac{1}{\cos^3 t}\cdot\cos t\,\mathrm{d}t=\int\frac{1}{\cos^2 t}\mathrm{d}t=\int\sec^2 t\,\mathrm{d}t=\tan t+C$$

因为 $x=\sin t$，$\cos t=\sqrt{1-x^2}$，则 $\tan t=\dfrac{\sin t}{\cos t}=\dfrac{x}{\sqrt{1-x^2}}$，所以

$$\int\frac{1}{\sqrt{(1-x^2)^3}}\mathrm{d}x=\frac{x}{\sqrt{1-x^2}}+C.$$

②若被积函数中含有根式 $\sqrt{a^2+x^2}$，可进行变量代换，即令 $x=a\tan t\left(-\dfrac{\pi}{2}<t<\dfrac{\pi}{2}\right)$，此时根据公式 $\sec^2 t=1+\tan^2 t$，可得 $\sqrt{a^2+x^2}=a\sec t$.

例 4-29 求 $\displaystyle\int\frac{6x}{\sqrt{x^2+1}}\mathrm{d}x$.

解： 令 $x=\tan t\left(-\dfrac{\pi}{2}<t<\dfrac{\pi}{2}\right)$，从而 $\mathrm{d}x=\sec^2 t\,\mathrm{d}t$，$\sqrt{1+x^2}=\sec t$，

$$\int\frac{6x}{\sqrt{x^2+1}}\mathrm{d}x=6\int\frac{\tan t}{\sec t}\mathrm{d}\tan t=6\int\tan t\sec t\,\mathrm{d}t=6\sec t+C$$

将 $\sec t=\sqrt{1+x^2}$ 代回得

$$\int\frac{6x}{\sqrt{x^2+1}}\mathrm{d}x=6\sqrt{1+x^2}+C.$$

③若被积函数中含有根式 $\sqrt{x^2-a^2}$，可进行变量代换，即令 $x=a\sec t\left(0\leqslant t<\dfrac{\pi}{2}\right)$，此时根据公式 $\sec^2 t=1+\tan^2 t$，可得 $\sqrt{x^2-a^2}=a\tan t$.

例 4-30 求 $\displaystyle\int\frac{\sqrt{x^2-1}}{x}\mathrm{d}x$.

解： 令 $x=\sec t\left(0\leqslant t<\dfrac{\pi}{2}\right)$，从而 $\mathrm{d}x=\sec t\tan t\,\mathrm{d}t$，$\sqrt{x^2-1}=\tan t$，

$$\int\frac{\sqrt{x^2-1}}{x}\mathrm{d}x=\int\frac{\tan t}{\sec t}\cdot\sec t\tan t\,\mathrm{d}t=\int\tan^2 t\,\mathrm{d}t=\int(\sec^2 t-1)\mathrm{d}t=\tan t-t+C.$$

因 $x=\sec t\left(0\leqslant t<\dfrac{\pi}{2}\right)$，所以 $\dfrac{1}{\cos t}=x\Rightarrow\cos t=\dfrac{1}{x}$，则 $t=\arccos\dfrac{1}{x}$，

$$\int\frac{\sqrt{x^2-1}}{x}\mathrm{d}x=\sqrt{x^2-1}-\arccos\frac{1}{x}+C.$$

同步练习 4.5

1. 基础练习

(1)求下列不定积分.

① $\int \cos(5x-2)\mathrm{d}x$;

② $\int \csc^2(5+3x)\mathrm{d}x$;

③ $\int \dfrac{1}{1+9x^2}\mathrm{d}x$;

④ $\int x(1+x^2)^7\mathrm{d}x$;

⑤ $\int \tan x\ \sec^5 x\ \mathrm{d}x$;

⑥ $\int \dfrac{\mathrm{e}^{\frac{1}{x}}}{x^2}\mathrm{d}x$;

⑦ $\int \dfrac{\ln x}{x}\mathrm{d}x$;

⑧ $\int \dfrac{\mathrm{e}^x}{1+\mathrm{e}^x}\mathrm{d}x$;

⑨ $\int \dfrac{1}{1+\mathrm{e}^x}\mathrm{d}x$.

(2)求下列不定积分.

① $\int x\sqrt{x+2}\ \mathrm{d}x$;

② $\int \dfrac{1}{1+\sqrt{3x}}\mathrm{d}x$;

③ $\int \dfrac{1}{\sqrt[4]{x}+\sqrt[3]{x}}\mathrm{d}x$;

④ $\int \dfrac{1}{1+\sqrt[3]{x}}\mathrm{d}x$.

2. 进阶练习

(1)计算下列不定积分.

① $\int \dfrac{x}{\sqrt{1+x}}\mathrm{d}x$;

② $\int \sin^5 x\ \mathrm{d}x$;

③ $\int \dfrac{1}{x^2-x-12}\mathrm{d}x$;

④ $\int \sec(x+2)\tan(x+2)\mathrm{d}x$;

⑤ $\int x^2\sqrt{2x^3-1}\ \mathrm{d}x$;

⑥ $\int \dfrac{\cos\sqrt{x}}{\sqrt{x}\ \sin^2\sqrt{x}}\mathrm{d}x$.

(2)求下列不定积分.

① $\int \dfrac{x^3}{\sqrt{1-x^2}}\mathrm{d}x$;

② $\int \sqrt{x^2+4}\ \mathrm{d}x$.

3. 致思空间

不定积分的凑微分法中,我们凑微分的目的是最终选择一个合适的基本积分公式进行求解,因此如何凑出想要的整体是非常重要的.这启示我们,处理问题要找到核心,运用有效的方法.那么对于第二类换元积分法,请你进行合理的解释.

4.6 分部积分法

4.5 节的换元积分法是一种求不定积分的常用的重要的积分方法,但对于一些被积函数是两类函数相乘的不定积分(如 $\int x\mathrm{e}^x\mathrm{d}x$, $\int x^2\sin x\,\mathrm{d}x$),换元积分法就不一定有效,此时就需要分部积分法来解决.

设函数 $u=u(x)$, $v=v(x)$ 具有连续的导数,则由函数乘积的微分公式

$$\mathrm{d}(uv)=v\mathrm{d}u+u\mathrm{d}v$$

可得

$$u\,\mathrm{d}v = \mathrm{d}(uv) - v\,\mathrm{d}u,$$

两边同时求不定积分，得

$$\int u\,\mathrm{d}v = uv - \int v\,\mathrm{d}u \ \text{或} \int uv'\,\mathrm{d}x = uv - \int vu'\,\mathrm{d}x.$$

此公式称为分部积分公式.

说明：（1）分部积分法的基本思想是"化难为易"，它可以将求等号左边的积分 $\int u\,\mathrm{d}v$ 转化为求等号右边的积分 $\int v\,\mathrm{d}u$，如果等号右边的积分 $\int v\,\mathrm{d}u$ 容易求得，此公式就起到化难为易的作用.

（2）公式使用的重难点在于 u,v 的选择.

下面通过例题介绍如何使用分部积分法求解积分问题.

例 4 - 31　求 $\int x\cos x\,\mathrm{d}x$.

解： 对于此积分，先将 $\cos x$ 凑到微分符号 d 之后，则 $\cos x\,\mathrm{d}x$ 变为 $\mathrm{d}\sin x$，则原积分化为 $\int x\,\mathrm{d}\sin x$，再令 $u=x,v=\sin x$，利用分部积分公式得

$$\int x\cos\mathrm{d}x = \int x\,\mathrm{d}\sin x = x\sin x - \int \sin x\,\mathrm{d}x = x\sin x + \cos x + C.$$

> **注意**
>
> 从例 4 - 31 可以看出，将幂函数 x 当作公式中的 u，三角函数凑至微分符号后，再利用分部积分公式，就可以获得将积分"化难为易"的效果.
>
> 反之，整个积分就会变得更加复杂，即
>
> $$\int x\cos\mathrm{d}x = \int \cos x\,\mathrm{d}\left(\frac{1}{2}x^2\right) = \frac{1}{2}x^2\cos x + \frac{1}{2}\int x^2\sin x\,\mathrm{d}x.$$
>
> 因此，利用分部积分公式的技巧在于 u 和 v 的选择. 一般来说遵循"反对幂指三"的顺序规律，前 u 后 v.

例 4 - 32　求 $\int x\,\mathrm{e}^x\,\mathrm{d}x$.

解： 被积函数由幂函数 x 和指数函数 e^x 相乘而成，很明显选取 $u=x$，$\mathrm{e}^x\,\mathrm{d}x=\mathrm{d}\mathrm{e}^x=\mathrm{d}v$，根据分部积分公式可得

$$\int x\,\mathrm{e}^x\,\mathrm{d}x = \int x\,\mathrm{d}\mathrm{e}^x = x\,\mathrm{e}^x - \int \mathrm{e}^x\,\mathrm{d}x = x\,\mathrm{e}^x - \mathrm{e}^x + C.$$

例 4 - 33　求 $\int x\ln x\,\mathrm{d}x$.

解： 被积函数由幂函数 x 和对数函数 $\ln x$ 相乘而成，则

$$\int x \ln x \, dx = \frac{1}{2} \int \ln x \, dx^2 = \frac{1}{2} \left(x^2 \ln x - \int x^2 \, d\ln x \right)$$

$$= \frac{1}{2} \left(x^2 \ln x - \int x^2 \cdot \frac{1}{x} dx \right)$$

$$= \frac{1}{2} \left(x^2 \ln x - \int x \, dx \right)$$

$$= \frac{1}{2} x^2 \ln x - \frac{1}{4} x^2 + C.$$

例 4 - 34 求 $\int x \arctan x \, dx$.

解: 被积函数由幂函数 x 和反三角函数 $\arctan x$ 相乘而成, 则

$$\int x \arctan x \, dx = \frac{1}{2} \int \arctan x \, dx^2 = \frac{1}{2} x^2 \arctan x - \frac{1}{2} \int x^2 \, d\arctan x$$

$$= \frac{1}{2} x^2 \arctan x - \frac{1}{2} \int \frac{x^2}{1+x^2} dx$$

$$= \frac{1}{2} x^2 \arctan x - \frac{1}{2} \int \frac{x^2+1-1}{1+x^2} dx$$

$$= \frac{1}{2} x^2 \arctan x - \frac{1}{2} x + \frac{1}{2} \arctan x + C.$$

在计算过程中, 有时需要兼用换元积分法和分部积分法, 如例 4 - 35.

例 4 - 35 求 $\int e^{\sqrt{x}} \, dx$.

解: 令 $\sqrt{x} = t$, 则 $x = t^2$, $dx = dt^2 = 2t \, dt$,

$$\int e^{\sqrt{x}} \, dx = 2 \int t \, e^t \, dt = 2 \int t \, de^t = 2 \left(t \, e^t - \int e^t \, dt \right)$$

$$= 2 (t \, e^t - e^t) + C$$

$$= 2 (\sqrt{x} \, e^{\sqrt{x}} - e^{\sqrt{x}}) + C.$$

对于被积函数只有一种函数的不定积分, 则直接运用分部积分法, 如例 4 - 36.

例 4 - 36 求 $\int \ln x \, dx$.

解: $\int \ln x \, dx = x \ln x - \int x \, d\ln x = x \ln x - \int x \cdot \frac{1}{x} dx = x \ln x - x + C.$

知识延伸

戈特弗里德·威廉·莱布尼茨 (Gottfried Wilhelm Leibniz), 德国近代哲学家、数学家, 是历史上少见的"通才", 被誉为 17 世纪的亚里士多德.

现今在微积分领域使用的符号都是莱布尼茨提出的. 在高等数学和数学分析领域, 莱布尼茨判别法是用来判别交错级数收敛性的.

同步练习 4.6

1. 基础练习

求下列不定积分.

① $\int x\sin x\,\mathrm{d}x$；

② $\int x\ln x\,\mathrm{d}x$；

③ $\int \arctan x\,\mathrm{d}x$；

④ $\int x\cos 2x\,\mathrm{d}x$；

⑤ $\int x^2 e^x\,\mathrm{d}x$；

⑥ $\int x\ln x\,\mathrm{d}x$.

2. 进阶练习

计算下列不定积分.

① $\int x\,e^{-x}\,\mathrm{d}x$；

② $\int x\ln(x+1)\,\mathrm{d}x$；

③ $\int \dfrac{\ln x}{x^3}\,\mathrm{d}x$；

④ $\int \sin\sqrt{x}\,\mathrm{d}x$；

⑤ $\int \ln(x^2+1)\,\mathrm{d}x$；

⑥ $\int \ln^2 x\,\mathrm{d}x$.

3. 致思空间

在不定积分的分部积分法中，两个函数交换位置，可以得到简单的积分表达式，这表示换位思考是解决问题的有效方式. 那么对于不定积分的分部积分法中出现凑微分的步骤，你又有什么有趣的解释呢？

学习任务三 定积分的概念与计算

4.7 定积分的概念

案例 4-2 列车以 72km/h 的速度行驶，快靠站时加速度为 $a=-0.4\,\mathrm{m/s^2}$，问列车在进站前多长时间，离车站多远处开始制动？

分析：$v_0=72\,\mathrm{km/h}=20\,\mathrm{m/s}$，设列车由开始制动到经过 $t\,\mathrm{s}$ 后的速度为 v，则

$$v=20-0.4t,$$

令 $v=0$，得 $t=50\mathrm{s}$，设列车由开始制动到停止所走的路程为 s，则

$$s=\int_0^{50}(20-0.4t)\,\mathrm{d}t$$

定积分是积分学的重要概念，与不定积分成为积分学的两个积分问题，其在几何学、物理学、经济学等领域有非常广泛的应用. 本节将从实例出发，介绍定积分的概念、性质、计算和应用.

1. 曲边梯形的面积

曲边梯形是指在平面直角坐标系中，由连续曲线 $f(x)(x\geqslant 0)$，直线 $x_0=a$，直线 x_n

$=b$ 及 x 轴所围成的图形，如图 $4-2$ 所示．

下面我们讨论如何求得曲边梯形的面积．在中学我们已经学习了一些规则的平面图形（矩形、三角形、梯形等）面积的计算问题，但曲边梯形是不规则图形（其中一条边为曲线），那么中学学习的面积公式显然不适用．

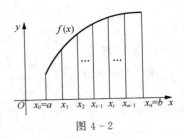

图 $4-2$

实际上我们可以采用"以直代曲，无限逼近"的思想．因曲线 $f(x)$ 是连续的，在很小的一段区间上它的变化很小．因此将曲边梯形分割成许多小曲边梯形，那么每个小的曲边梯形的面积就可以近似地用小矩形面积代替，那么大曲边梯形的面积就近似地等于各个小矩形面积的和．可以看到，当分割得越细时，这种近似值就越接近真实的曲边梯形面积．即当分割细度趋于零时，所有小矩形面积之和的极限就为曲边梯形的面积的值．

根据以上分析，我们通过以下步骤来计算曲边梯形的面积．

（1）**分割**．用 $n-1$ 个分割点 $a=x_0<x_1<x_2<\cdots<x_{n-1}<x_n=b$ 将 $[a,b]$ 分成任意 n 个小区间，$[x_{i-1},x_i](i=1,2,\cdots,n)$，第 i 个小区间的长度记为 $\Delta x_i=x_i-x_{i-1}$，过每一个分点做垂直于 x 轴的直线，则原曲边梯形就被分为 n 个小曲边梯形，如图 $4-3$ 所示．

（2）**近似**．在每个小区间中任取一点 ξ_i，以 Δx_i 为底，$f(\xi_i)$ 为高作矩形，其面积为 $f(\xi_i)\Delta x_i$．记第 i 个小曲边梯形的面积为 S_i，则由图 $4-3$ 易知

$$S_i \approx f(\xi_i)\Delta x_i.$$

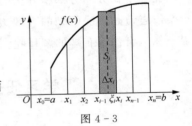

图 $4-3$

（3）**求和**．将 n 个小矩形的面积相加，得曲边梯形的面积 S 的近似值，即

$$S=\sum_{i=1}^{n}S_i \approx \sum_{i=1}^{n}f(\xi_i)\Delta x_i.$$

（4）**取极限**．当 n 无限增大时，每个小区间的长度趋于零，记 $\lambda=\max_{1\leqslant i\leqslant n}\{\Delta x_i\}$，则

$$S=\lim_{\lambda\to 0}\sum_{i=1}^{n}f(\xi_i)\Delta x_i.$$

2. 产品产量

假设某种产品的边际产量 $P(t)$ 是关于时间 t（单位：年）的连续函数，求从时刻 t_0 起到时刻 t_z 这期间的总产量 Q．

（1）**分割**．用 $n-1$ 个分割点 $t_0<t_1<t_2<\cdots<t_{n-1}<t_n=t_z$ 将时间段 $[t_0,t_z]$ 分成任意 n 个小时间段 $[t_{i-1},t_i](i=1,2,\cdots,n)$，第 i 个时间段记为 $\Delta t_i=t_i-t_{i-1}$．

（2）**近似**．由于边际产量 $P(t)$ 的连续性，在每个小时间段内，边际产量变化很小，可以近似看成固定不变，在其中任取一点 $\xi_i\in[t_{i-1},t_i]$，那么在 $[t_{i-1},t_i]$ 时间段内，产量 Q_i 的近似值为

$$Q_i \approx P(\xi_i)\Delta t_i.$$

(3)**求和**. 对所有时间段内的近似产量求和，得到总产量 Q 的近似值为

$$Q \approx \sum_{i=1}^{n} Q_i = \sum_{i=1}^{n} P(\xi_i) \Delta t_i.$$

(4)**取极限**. 记 $\lambda = \max_{1 \leqslant i \leqslant n} \{\Delta t_i\}$，则总产量

$$Q = \lim_{\lambda \to 0} \sum_{i=1}^{n} P(\xi_i) \Delta t_i.$$

总结以上两个实际问题的求法，虽然实际意义不同，但可以发现两者都是通过"分割、近似、求和、取极限"这 4 个步骤解决的. 我们将这种方法抽象出来，就有了定积分的概念.

3. 定积分的概念

设函数 $f(x)$ 在 $[a, b]$ 上有定义且有界，用 $n-1$ 个分割点

$$a = x_0 < x_1 < x_2 < \cdots < x_{n-1} < x_n = b$$

将 $[a, b]$ 分成任意 n 个小区间，$[x_{i-1}, x_i](i = 1, 2, \cdots, n)$，区间的长度记为 $\Delta x_i = x_i - x_{i-1}(i = 1, 2, \cdots, n)$，记 $\lambda = \max_{1 \leqslant i \leqslant n}\{\Delta x_i\}$，在每个小区间上任取一点 ξ_i，如果极限 $\lim_{\lambda \to 0} \sum_{i=1}^{n} f(\xi_i) \Delta x_i$ 存在，则称此极限值为函数 $f(x)$ 在 $[a, b]$ 上的定积分，记作

$$\int_a^b f(x) \mathrm{d}x,$$

即

$$\int_a^b f(x) \mathrm{d}x = \lim_{\lambda \to 0} \sum_{i=1}^{n} f(\xi_i) \Delta x_i.$$

其中 $\int_a^b$ 称为**积分号**，a, b 分别称为**积分下限**和**积分上限**，$[a, b]$ 称为**积分区间**，$f(x)$ 称为**被积函数**，x 称为**积分变量**，$f(x)\mathrm{d}x$ 称为**被积表达式**. 如果定积分 $\int_a^b f(x) \mathrm{d}x$ 存在，也称 $f(x)$ 在 $[a, b]$ 上可积.

对于前文中的两个引例（曲边梯形的面积和产品产量），就可以表示为如下定积分的形式.

1. 曲边梯形的面积

$$S = \int_a^b f(x) \mathrm{d}x.$$

2. 从 t_0 到 t_z 年间的总产量

$$Q = \int_{t_0}^{t_z} P(t) \mathrm{d}t.$$

对于定积分的概念，需要注意如下两点.

(1)定积分 $\int_a^b f(x) \mathrm{d}x$ 是一个数值，其结果与 $[a, b]$ 的划分方法、ξ_i 的取值无关.

(2)定积分的值与积分变量用什么字母表示无关，只与被积函数的对应法则和积分区间有关，即

$$\int_a^b f(x)\mathrm{d}x = \int_a^b f(t)\mathrm{d}t = \int_a^b f(u)\mathrm{d}u.$$

补充： 在定积分 $\int_a^b f(x)\mathrm{d}x$ 的定义中，总是假定 $a<b$，但是为计算方便，还得做出如下补充.

(1) $\int_a^b f(x)\mathrm{d}x = -\int_b^a f(x)\mathrm{d}x$ ； (2) $\int_a^a f(x)\mathrm{d}x = 0$.

> **知识延伸**
>
> 3 世纪中期，我国数学家刘徽首创"割圆术"，为计算圆周率建立了严密的理论和完善的算法. 所谓割圆术，是以圆内接正多边形的面积，来无限逼近圆面积. 刘徽形容他的"割圆术"说："割之弥细，所失弥少，割之又割，以至于不可割，则与圆合体，而无所失矣 ."

同步练习 4.7

1. 基础练习

(1)定积分 $\int_a^b f(x)\mathrm{d}x$ 是（ 　　）.

A. $f(x)$ 的一个原函数

B. $f(x)$ 的全体原函数

C. 任意常数

D. 确定的一个常数

(2)下列命题正确的是（ 　　）（其中 $f(x),g(x)$ 均连续）.

A. $\int_a^b f(x)\mathrm{d}x \neq \int_a^b f(t)\mathrm{d}t$

B. $\left(\int_a^b f(x)\mathrm{d}x\right)' = f(x)$

C. 在 $[a,b]$ 上若 $f(x)\neq g(x)$，则 $\int_a^b f(x)\mathrm{d}x \neq \int_a^b g(x)\mathrm{d}x$

D. 若 $f(x)\neq g(x)$，则 $\int f(x)\mathrm{d}x \neq \int g(x)\mathrm{d}x$

2. 进阶练习

(1)已知销售某产品 x 件时，边际收益为 $R'(x)=200-2x (x\geqslant 0)$，用定积分表示销售 100 件时该产品的总收益(单位：元).

(2)生产某种产品的边际成本为 $C'(x)=300-0.2x$，用定积分表示该产品从 100 件增产至 200 件时增加的成本.

3. 致思空间

(1)请根据所学内容，总结定积分与不定积分的不同之处.

(2)你觉得什么情况下，$f(x)$ 在 $[a,b]$ 上不可积？

4.8　定积分的几何意义

从 4.7 节看到，曲边梯形的面积可以用定积分表示，这就是定积分的几何意义. 下面分类说明定积分与图形面积的关系.

(1)如果函数 $f(x)$ 在 $[a,b]$ 上连续，且 $f(x) \geqslant 0$，那么定积分 $\int_a^b f(x) \mathrm{d}x$ 就表示曲线 $f(x)$、直线 $x=a$、直线 $x=b$ 和 x 轴所围成图形的面积 A（见图 4-4），即

$$\int_a^b f(x) \mathrm{d}x = A.$$

(2)如果函数在 $[a,b]$ 上连续，且 $f(x) \leqslant 0$，那么定积分 $\int_a^b f(x) \mathrm{d}x$ 为负值，此时其就表示曲线 $f(x)$、直线 $x=a$、直线 $x=b$ 和 x 轴所围成图形的面积 A 的负值（见图 4-5），即

$$\int_a^b f(x) \mathrm{d}x = -A.$$

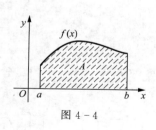

图 4-4

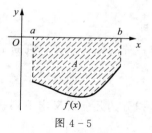

图 4-5

(3)如果函数在 $[a,b]$ 上连续，且 $f(x)$ 有正有负，则定积分 $\int_a^b f(x) \mathrm{d}x$ 表示曲线 $f(x)$、直线 $x=a$、直线 $x=b$ 和 x 轴所围各部分图形面积的代数和（见图 4-6），即

$$\int_a^b f(x) \mathrm{d}x = A_1 - A_2 + A_3.$$

例 4-37　利用定积分的几何意义求 $\int_0^1 \sqrt{1-x^2} \mathrm{d}x$.

解：观察被积函数 $y = \sqrt{1-x^2}$，可以发现其表示圆心在原点，半径为 1 的上半圆，且积分范围是 $[0,1]$，所以这个定积分表示的几何图形是在第一象限的圆的面积，如图 4-7 所示.

则根据几何意义可得 $\int_0^1 \sqrt{1-x^2} \mathrm{d}x = \dfrac{\pi}{4}$.

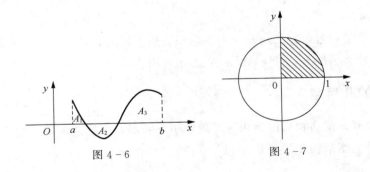

图 4-6　　　　　　　　　　　图 4-7

知识延伸

　　阿基米德，古希腊力学家和数学家，他完善了穷竭法．穷竭法即将曲边图形分为若干"小矩形"或"三角形"，再用这些"小矩形"或"三角形"的面积之和近似代替曲边图形的面积．显然将图形分割得越细，得到的面积越精确，这就是穷竭法的思想精髓．穷竭法蕴含微积分的思想，可以说阿基米德是现代微积分学的先导．

同步练习 4.8

1. 基础练习

(1)根据定积分的几何意义，判断下列积分的正负．

① $\displaystyle\int_{-1}^{0} x\,\mathrm{d}x$ ；　　　② $\displaystyle\int_{-2}^{1} x^2\,\mathrm{d}x$ ；　　　③ $\displaystyle\int_{-3}^{1} 3x\,\mathrm{d}x$ ；　　　④ $\displaystyle\int_{-2}^{1} x^3\,\mathrm{d}x$ ．

(2)根据定积分的几何意义求下列积分．

① $\displaystyle\int_{1}^{2} (3x+1)\,\mathrm{d}x$ ；　② $\displaystyle\int_{-3}^{1} 2x\,\mathrm{d}x$ ；　　③ $\displaystyle\int_{-1}^{1} \sqrt{1-x^2}\,\mathrm{d}x$ ；　　④ $\displaystyle\int_{0}^{4} \sqrt{4x-x^2}\,\mathrm{d}x$ ．

2. 进阶练习

根据定积分的几何意义求下列定积分．

① $\displaystyle\int_{-\pi}^{\pi} \sin x\,\mathrm{d}x$ ；　　② $\displaystyle\int_{-3}^{3} x^3\,\mathrm{d}x$ ；　　③ $\displaystyle\int_{-\pi}^{\pi} \cos x\,\mathrm{d}x$ ；　　④ $\displaystyle\int_{2}^{4} 3\,\mathrm{d}x$ ．

3. 致思空间

　　根据你对定积分概念的理解，或者查阅资料，请说明定积分除几何意义（计算平面图形的面积），还有其他方面的意义吗？

4.9　定积分的性质

　　利用定积分的性质和极限的运算法则，容易得到定积分的如下性质，为避免对定积分的性质的描述过于复杂，在以下讨论中我们都假设函数在所讨论的区间内是可积的．

　　性质 1　两个函数代数和的定积分等于函数定积分的代数和，即

$$\int_a^b [f(x) \pm g(x)] \mathrm{d}x = \int_a^b f(x) \mathrm{d}x \pm \int_a^b g(x) \mathrm{d}x.$$

例 4-38　$\int_0^2 (x^2 + \sec^2 x) \mathrm{d}x = \int_0^2 x^2 \mathrm{d}x + \int_0^2 \sec^2 x \mathrm{d}x.$

性质 1 还可以推广至有限多个函数的代数和的定积分.

例 4-39　$\int_1^3 (\pi + x^3 - 2^x) \mathrm{d}x = \int_1^3 \pi \mathrm{d}x + \int_1^3 x^3 \mathrm{d}x - \int_1^3 2^x \mathrm{d}x.$

性质 2　被积函数中的常数因子可以提到积分号外，即

$$\int_a^b K f(x) \mathrm{d}x = K \int_a^b f(x) \mathrm{d}x \quad (K \text{ 为常数}).$$

例 4-40　$\int_1^3 9\mathrm{e}^x \mathrm{d}x = 9 \int_1^3 \mathrm{e}^x \mathrm{d}x.$

性质 3　$\int_a^b \mathrm{d}x = b - a.$

例 4-41　$\int_1^3 \mathrm{d}x = 3 - 1 = 2, \quad \int_5^{-1} \mathrm{d}x = -1 - 5 = -6.$

性质 4(定积分对积分区间的可加性)　对任意的 c 有

$$\int_a^b f(x) \mathrm{d}x = \int_a^c f(x) \mathrm{d}x + \int_c^b f(x) \mathrm{d}x.$$

例 4-42　$\int_1^{10} \ln x \mathrm{d}x = \int_1^3 \ln x \mathrm{d}x + \int_3^{10} \ln x \mathrm{d}x, \quad \int_1^{10} \ln x \mathrm{d}x = \int_1^{100} \ln x \mathrm{d}x + \int_{100}^{10} \ln x \mathrm{d}x.$

可以看出 c 的任意性是指不论 c 是否在积分区间内，性质 4 均成立.

性质 5(比较性质)　如果函数 $f(x)$ 与 $g(x)$ 在 $[a, b]$ 上总满足 $f(x) \geqslant g(x)$，则

$$\int_a^b f(x) \mathrm{d}x \geqslant \int_a^b g(x) \mathrm{d}x.$$

例 4-43　利用定积分的性质，比较 $\int_0^1 x \mathrm{d}x$ 与 $\int_0^1 \sqrt{x} \mathrm{d}x$ 值的大小.

解：当 $x \in [0, 1]$ 时，有 $\sqrt{x} \geqslant x$，所以根据比较性质，有 $\int_0^1 \sqrt{x} \mathrm{d}x \geqslant \int_0^1 x \mathrm{d}x.$

推论　如果函数 $f(x)$ 在 $[a, b]$ 上满足 $f(x) \geqslant 0$，则

$$\int_a^b f(x) \mathrm{d}x \geqslant 0.$$

性质 6(估值定理)　设函数 $f(x)$ 在 $[a, b]$ 上连续，则 $f(x)$ 在 $[a, b]$ 上存在最小值和最大值，分别记为 m 和 M，则

$$m(b - a) \leqslant \int_a^b f(x) \mathrm{d}x \leqslant M(b - a).$$

例 4-44　估算 $\int_1^3 \dfrac{1}{1 + x^2} \mathrm{d}x$ 的范围.

解：可知在 $[1, 3]$ 内有 $\dfrac{1}{10} \leqslant \dfrac{1}{1 + x^2} \leqslant \dfrac{1}{2}$，则 $\dfrac{1}{5} \leqslant \int_1^3 \dfrac{1}{1 + x^2} \mathrm{d}x \leqslant 1.$

性质 7(第一中值定理)　如果函数 $f(x)$ 在 $[a, b]$ 上连续，则在 $[a, b]$ 上至少存在一点 ξ，使

$$\int_a^b f(x)\mathrm{d}x = f(\xi)(b-a) \quad (a \leqslant \xi \leqslant b).$$

事实上，我们还可以从几何意义理解性质 7：若 $f(x) \geqslant 0$，则以连续曲线 $y = f(x)$ 为曲边的曲边梯形的面积，总是等于底边相同而高为 $f(\xi)$ 的矩形的面积.

另外，从第一中值定理可得 $f(\xi) = \dfrac{1}{b-a}\int_a^b f(x)\mathrm{d}x$，$f(\xi)$ 称为连续曲线 $f(x)$ 在 $[a,b]$ 上的平均值. 连续函数平均值的概念应用广泛，如求平均速度、平均电压、平均收入等.

同步练习 4.9

1. 基础练习

（1）比较下列定积分的大小.

① $\int_2^3 x^2 \mathrm{d}x$ 和 $\int_2^3 x^3 \mathrm{d}x$；

② $\int_0^1 x \mathrm{d}x$ 和 $\int_0^1 x^3 \mathrm{d}x$；

③ $\int_e^{e^2} \ln x \mathrm{d}x$ 和 $\int_e^{e^2} (\ln x)^2 \mathrm{d}x$；

④ $\int_0^1 x \mathrm{d}x$ 和 $\int_0^1 \sin x \mathrm{d}x$；

⑤ $\int_0^1 x \mathrm{d}x$ 和 $\int_0^1 \ln(1+x) \mathrm{d}x$.

（2）估计下列定积分.

① $\int_1^3 e^{x^2} \mathrm{d}x$；

② $\int_1^2 (x^2 - 2x + 9) \mathrm{d}x$.

2. 进阶练习

（1）判断下列结论是否正确.

① 若 $\int_a^b f(x)\mathrm{d}x = 0$，则在 $[a,b]$ 上 $f(x) \equiv 0$. （　　）

② 若 $f(x)$ 在 $[a,b]$ 上连续，则 $\int_3^1 [f(x)]^2 \mathrm{d}x > 0$. （　　）

③ 只要 $f(x)$ 在 $[a,b]$ 可积，一定存在 $\xi \in [a,b]$，使 $\int_a^b f(x)\mathrm{d}x = f(\xi)(b-a)(a \leqslant \xi \leqslant b)$. （　　）

（2）证明：如果 $f(x)$ 在 $[a,b]$ 上连续，$a \neq b$ 且 $\int_a^b f(x)\mathrm{d}x = 0$，则在 $[a,b]$ 上至少有一处使 $f(x) = 0$.

3. 致思空间

我们知道尽管 $f(x)$ 不会恒等于零，但 $\int_a^b f(x)\mathrm{d}x$ 有可能等于零. 从生活的角度我们可以这样解释：人生的起起落落、悲喜荣辱贯穿我们的一生，我们应该以平静的心态面对. 你还能从不同的角度解释这个积分现象吗？

4.10　微积分基本公式

案例 4-3　A、B 两站相距 7.2km，一辆列车从 A 站开往 B 站，开出 t_1s 后到达途中 C 站，这一段的速度为 $1.2t$（单位：m/s），到 C 站的速度为 36m/s，从 C 站以匀速到达 D 站后，从 D 站开始刹车，经过 t_2s 后，速度为 $(48-1.2t)$m/s，在 B 站恰好停车，那么 A 站到 C 站多远，D 站到 B 站多远？

分析： 根据列车的速度变化求出相应的时间，利用积分的意义，求出相应的路程，即可得到结论．

由题可知 A 站到 C 站经过 t_1s，则 $1.2t_1=36$，得 $t_1=30$s，所以 $AC=\int_0^{30}1.2t\,\mathrm{d}t$；

由题可知 D 站到 B 站经过 t_2s，则 $48-1.2t_2=0$，得 $t_2=40$s，所以 $DB=\int_0^{40}(48-1.2t)\,\mathrm{d}t$．

在前面的课程中，我们已经学习了定积分的概念和性质，掌握了利用定积分的定义求定积分的值，但是很多定积分利用定义求值是非常烦琐的．因此需要寻求另外一种计算定积分的方法，这便是本节需要学习的牛顿-莱布尼茨公式．

1. 积分上限函数

设函数 $f(t)$ 在 $[a,b]$ 上可积，则对每个 $x\in[a,b]$，都有一个确定的值 $\int_a^x f(t)\,\mathrm{d}t$ 与之对应，因此按照变化规律 $x\to\int_a^x f(t)\,\mathrm{d}t$ 定义一个函数，即

$$\varphi(x)=\int_a^x f(t)\,\mathrm{d}t,\ x\in[a,b].$$

称函数 $\varphi(x)$ 为**积分上限函数**或**变上限积分**．类似可以定义变下限积分．

定理 1　设函数 $f(x)$ 在 $[a,b]$ 上连续，则 $\varphi(x)=\int_a^x f(t)\,\mathrm{d}t$ 定义的积分上限函数在 $[a,b]$ 上可导，且

$$\varphi'(x)=\left(\int_a^x f(t)\,\mathrm{d}t\right)'=f(x),\ x\in[a,b].$$

证明： 任取 $x\in[a,b]$，增量 Δx 满足 $x+\Delta x\in[a,b]$，$\varphi(x)$ 对应的增量为

$$\Delta\varphi=\varphi(x+\Delta x)-\varphi(x)=\int_a^{x+\Delta x}f(t)\,\mathrm{d}t-\int_a^x f(t)\,\mathrm{d}t$$

$$=\int_a^x f(t)\,\mathrm{d}t+\int_x^{x+\Delta x}f(t)\,\mathrm{d}t-\int_a^x f(t)\,\mathrm{d}t$$

$$=\int_x^{x+\Delta x}f(t)\,\mathrm{d}t$$

根据第一中值定理有 $\Delta\varphi=\int_x^{x+\Delta x}f(t)\,\mathrm{d}t=f(\xi)\cdot\Delta x$，即 $\dfrac{\Delta\varphi}{\Delta x}=f(\xi)$（$\xi$ 介于 x 和 $x+\Delta x$ 之间）．因 $f(x)$ 在 $[a,b]$ 上连续，且当 $\Delta x\to0$ 时，有 $\xi\to x$，于是

$$\lim_{\Delta x \to 0} \frac{\Delta \varphi}{\Delta x} = \lim_{\Delta x \to 0} f(\xi) = f(x),$$

即 $\varphi'(x) = f(x)$，$x \in [a, b]$，证毕.

推论 1 通过定理 1 还可以得到如下公式，统称为变限积分求导公式. 假设函数 $u(x)$，$v(x)$ 均可导.

(1) $\left(\int_x^b f(t) \mathrm{d}t \right)' = -f(x);$

(2) $\left(\int_a^{u(x)} f(t) \mathrm{d}t \right)' = f(u(x)) \cdot u'(x);$

(3) $\left(\int_{v(x)}^b f(t) \mathrm{d}t \right)' = -f(v(x)) \cdot v'(x);$

(4) $\left(\int_{v(x)}^{u(x)} f(t) \mathrm{d}t \right)' = f(u(x)) \cdot u'(x) - f(v(x)) \cdot v'(x).$

例 4 - 45 求 $\left(\int_2^x \mathrm{e}^t \sin 8t \, \mathrm{d}t \right)'$.

解： 由定理 1 得 $\left(\int_2^x \mathrm{e}^t \sin 8t \, \mathrm{d}t \right)' = \mathrm{e}^x \sin 8x$.

例 4 - 46 求 $\left(\int_x^{-1} \mathrm{e}^{(t^2-1)} \, \mathrm{d}t \right)'$.

解： 由推论 1 中公式 (1) 得 $\left(\int_x^{-1} \mathrm{e}^{(t^2-1)} \, \mathrm{d}t \right)' = -\mathrm{e}^{(x^2-1)}$.

例 4 - 47 求 $\dfrac{\mathrm{d}}{\mathrm{d}x} \int_3^{x^2} \dfrac{t}{t+6} \mathrm{d}t$.

解： 由推论 1 中公式 (2) 可知 $u(x) = x^2$，根据公式可得

$$\frac{\mathrm{d}}{\mathrm{d}x} \int_3^{x^2} \frac{t}{t+6} \mathrm{d}t = \frac{x^2}{x^2+6} \cdot (x^2)' = \frac{2x^3}{x^2+6}.$$

例 4 - 48 求 $\lim\limits_{x \to 0} \dfrac{\displaystyle\int_0^x \arctan t^2 \, \mathrm{d}t}{x^3}$.

解： 因为 $\lim\limits_{x \to 0} \displaystyle\int_0^x \arctan t^2 \, \mathrm{d}t = 0$，所以极限为 $\dfrac{0}{0}$ 型，可使用洛必达法则求极限.

$$\lim_{x \to 0} \frac{\displaystyle\int_0^x \arctan t^2 \, \mathrm{d}t}{x^3} = \lim_{x \to 0} \frac{\left(\displaystyle\int_0^x \arctan t^2 \, \mathrm{d}t \right)'}{(x^3)'} = \lim_{x \to 0} \frac{\arctan x^2}{3x^2} = \frac{1}{3}.$$

2. 牛顿-莱布尼茨公式

定理 2(牛顿-莱布尼茨公式) 设 $f(x)$ 在 $[a, b]$ 上连续，$F(x)$ 是 $f(x)$ 的一个原函数，则

$$\int_a^b f(x) \mathrm{d}x = F(x) \Big|_a^b = F(b) - F(a).$$

证明：由定理 1 可知 $\int_a^x f(t)\mathrm{d}t$ 是 $f(x)$ 的一个原函数，假设 $F(x)$ 为 $f(x)$ 的某个原函数，那么 $F(x)$ 与 $\int_a^x f(t)\mathrm{d}t$ 之间只差一个常数，即

$$\int_a^x f(t)\mathrm{d}t = F(x) + C.$$

对于 C，令上式中 $x=a$，得

$$\int_a^a f(t)\mathrm{d}t = F(a) + C \Rightarrow 0 = F(a) + C,$$

所以 $C = -F(a)$，进而

$$\int_a^x f(t)\mathrm{d}t = F(x) - F(a),$$

那么

$$\int_a^b f(x)\mathrm{d}x = F(b) - F(a).$$

牛顿-莱布尼茨公式是计算定积分的一个重要而有效的方法，也被称为**微积分基本公式**. 其重要性读者可以参看课后知识延伸.

例 4 - 49　求下列定积分.

(1) $\int_0^{\frac{\pi}{3}} 4\sin x\,\mathrm{d}x$；　　　　　　　　(2) $\int_0^1 8x^7\,\mathrm{d}x$.

解： (1) $\int_0^{\frac{\pi}{3}} 4\sin x\,\mathrm{d}x = -4\cos x\,\big|_0^{\frac{\pi}{3}} = -4\cos\dfrac{\pi}{3} - (-4\cos 0) = 2.$

(2) $\int_0^1 8x^7\,\mathrm{d}x = x^8\,\big|_0^1 = 1.$

例 4 - 50　求下列定积分.

(1) $\int_0^5 |x-3|\,\mathrm{d}x$；(2) $\int_0^\pi |\cos x|\,\mathrm{d}x$；(3) 求 $\int_1^4 f(x)\,\mathrm{d}x$，其中 $f(x) = \begin{cases} x^2, & x \geqslant 3 \\ 2x, & x < 3 \end{cases}$.

解： (1) $\int_0^5 |x-3|\,\mathrm{d}x = \int_0^3 (3-x)\,\mathrm{d}x + \int_3^5 (x-3)\,\mathrm{d}x$

$$= \left(3x - \frac{1}{2}x^2\right)\bigg|_0^3 + \left(\frac{1}{2}x^2 - 3x\right)\bigg|_3^5$$

$$= \left(3\times 3 - \frac{1}{2}\times 3^2 - 0\right) + \left[\left(\frac{1}{2}\times 5^2 - 3\times 5\right) - \left(\frac{9}{2} - 9\right)\right] = \frac{13}{2}.$$

(2) $\int_0^\pi |\cos x|\,\mathrm{d}x = \int_0^{\frac{\pi}{2}} \cos x\,\mathrm{d}x + \int_{\frac{\pi}{2}}^\pi (-\cos x)\,\mathrm{d}x = \sin x\,\big|_0^{\frac{\pi}{2}} + (-\sin x)\,\big|_{\frac{\pi}{2}}^\pi = 2.$

(3) $\int_1^4 f(x)\,\mathrm{d}x = \int_1^3 f(x)\,\mathrm{d}x + \int_3^4 f(x)\,\mathrm{d}x = \int_1^3 2x\,\mathrm{d}x + \int_3^4 x^2\,\mathrm{d}x$

$$= x^2\,\bigg|_1^3 + \frac{1}{3}x^3\,\bigg|_3^4 = 9 - 1 + \left(\frac{1}{3}\times 4^3 - \frac{1}{3}\times 3^3\right) = \frac{61}{3}.$$

同步练习 4.10

1. 基础练习

(1) 计算下列定积分.

① $\int_0^9 e^x \, dx$;

② $\int_0^3 2^x \, dx$;

③ $\int_0^2 (4x^3 - 2x + 1) \, dx$;

④ $\int_0^1 \dfrac{6}{\sqrt{1-x^2}} \, dx$;

⑤ $\int_0^{\frac{\pi}{3}} \sec^2 x \, dx$.

(2) 计算下列式子关于 x 的导数.

① $\left(\int_1^5 3^x \ln 4x \, dx \right)'$;

② $\left(\int_2^x \sqrt{1+t^3} \, dt \right)'$;

③ $\dfrac{d}{dx} \int_1^{2x^2} \dfrac{\sin t}{t^2} \, dt$;

④ $\dfrac{d}{dx} \int_{\cos x}^1 t^6 \, dt$;

⑤ $\left(\int_{\sin x}^{x^2} t \, e^t \, dt \right)'$.

2. 进阶练习

(1) 计算下列定积分.

① $\int_0^1 x(x+2) \, dx$;

② $\int_1^2 \left(x + \dfrac{1}{x} \right)^2 \, dx$;

③ $\int_1^2 \left(\dfrac{1+2x+x^2}{\sqrt{x}} \right) \, dx$;

④ $\int_0^1 \dfrac{x^2}{1+x^2} \, dx$;

⑤ $\int_0^\pi \sqrt{1 - \cos 2x} \, dx$.

(2) 计算下列极限.

① $\lim\limits_{x \to 0} \dfrac{\int_0^x \ln(1+t^2) \, dt}{2x \tan x}$;

② $\lim\limits_{x \to 0} \dfrac{\int_0^x t(e^{t^4} - 1) \, dt}{\int_x^1 \sin t^2 \, dt}$.

3. 致思空间

当你清洁玻璃时，你习惯用大刷子还是小刷子呢？你是否想过，假设你清洁玻璃时的挥手速度恒定，那么你清洁的玻璃面积关于时间的变化率是多少呢？

4.11 换元积分法的应用

案例 4-4 以速度 $v(t) = (t+1)^2$（单位：m/s）行驶的列车，在 $t=0$ 到 $t=10s$ 行驶的路程如何计算？

分析： 对速度求定积分即路程，$\int_0^{10} (t+1)^2 \, dt = \dfrac{1}{3}(t+1)^3 \bigg|_0^{10} = \dfrac{1330}{3}$ (m)．

微课

换元积分法的应用

从 4.10 节的牛顿–莱布尼茨公式可以看出，求连续函数的定积分，需先求出被积函数的原函数，再求原函数在上下限的函数值的差．这说明求定积分与求不定积分有着紧密的联系. 对于定积分，我们也可以用换元积分法和分部积分法进行求解.

1. 定积分的换元积分法

定理 1　设函数 $f(x)$ 在 $[a,b]$ 上连续，$x=\varphi(t)$，且 $a=\varphi(\alpha)$，$b=\varphi(\beta)$，如果

(1)$\varphi'(t)$ 在 $[\alpha,\beta]$ 上连续；

(2)当 t 从 α 变化到 β 时，$\varphi(t)$ 从 a 单调地变化到 b，则有

$$\int_a^b f(x)\mathrm{d}x = \int_\alpha^\beta f[\varphi(t)]\mathrm{d}\varphi(t).$$

对于定积分的换元积分法，有以下几点需要注意.

(1)定积分换元之后，积分上、下限也要进行相应的变换，即"换元必换限". 然后按照新的积分的上、下限计算定积分的值，不必再换元成原变量.

(2)用换元积分法计算定积分时，也可不换新的变量，此时积分上、下限不会发生改变.

例 4 - 51　计算定积分 $\int_0^{\frac{\pi}{2}} \cos^7 x \sin x \, \mathrm{d}x$.

解法一： 设 $t=\cos x$，则 $\mathrm{d}t=-\sin x \mathrm{d}x$，当 $x=0$ 时 $t=1$，当 $x=\frac{\pi}{2}$ 时 $t=0$，所以

$$\int_0^{\frac{\pi}{2}} \cos^7 x \sin x \, \mathrm{d}x = -\int_1^0 t^7 \mathrm{d}t = \left[\frac{1}{8}t^8\right]\Big|_0^1 = \frac{1}{8}.$$

解法二： 可以利用"凑微分"的方法求定积分，此时便可省去换新变量的过程，即

$$\int_0^{\frac{\pi}{2}} \cos^7 x \sin x \, \mathrm{d}x = -\int_0^{\frac{\pi}{2}} \cos^7 x \, \mathrm{d}\cos x = -\frac{1}{8}\cos^8 x \Big|_0^{\frac{\pi}{2}} = \frac{1}{8}.$$

例 4 - 52　计算 $\int_0^2 \frac{x}{3+x^2}\mathrm{d}x$.

解： $\int_0^2 \frac{x}{3+x^2}\mathrm{d}x = \frac{1}{2}\int_0^2 \frac{1}{3+x^2}\mathrm{d}(3+x^2) = \frac{1}{2}\ln(3+x^2)\Big|_0^2 = \frac{1}{2}\ln\frac{7}{3}$.

例 4 - 53　计算 $\int_{-5}^3 \frac{x}{\sqrt{x+6}}\mathrm{d}x$.

解： 设 $\sqrt{x+6}=t$，则 $x=t^2-6$，$\mathrm{d}x=2t\mathrm{d}t$，当 $x=-5$ 时，$t=1$；当 $x=3$ 时，$t=3$，所以

$$\int_{-5}^3 \frac{x}{\sqrt{x+6}}\mathrm{d}x = \int_1^3 \frac{t^2-6}{t}\cdot 2t\mathrm{d}t = 2\int_1^3 (t^2-6)\mathrm{d}t = \left(\frac{2}{3}t^3 - 12t\right)\Big|_1^3 = -\frac{20}{3}.$$

2. "奇零偶倍"

设函数 $f(x)$ 在 $[-a,a]$ 上连续，则

(1)当 $f(x)$ 为奇函数时，$\int_{-a}^a f(x)\mathrm{d}x = 0$；

(2)当 $f(x)$ 为偶函数时，$\int_{-a}^{a} f(x)\mathrm{d}x = 2\int_{0}^{a} f(x)\mathrm{d}x$.

例 4-54 计算下列定积分.

(1)$\int_{-2}^{2} \dfrac{5x^3}{1+x^4}\mathrm{d}x$；　　　　(2)$\int_{-1}^{1} |x|\mathrm{d}x$；　　　　(3)$\int_{-\frac{\pi}{4}}^{\frac{\pi}{4}} (x^6\sin 3x + \cos x)\mathrm{d}x$.

解：(1)由于 $\dfrac{5x^3}{1+x^4}$ 为 $[-2,2]$ 上的奇函数，所以 $\int_{-2}^{2} \dfrac{5x^3}{1+x^4}\mathrm{d}x = 0$；

(2)$|x|$ 为偶函数，则 $\int_{-1}^{1} |x|\mathrm{d}x = 2\int_{0}^{1} |x|\mathrm{d}x = 2\int_{0}^{1} x\,\mathrm{d}x = x^2 \big|_{0}^{1} = 1$；

(3)$x^6\sin 3x$ 为奇函数，而 $\cos x$ 为偶函数，所以

$$\int_{-\frac{\pi}{4}}^{\frac{\pi}{4}} (x^6\sin 3x + \cos x)\mathrm{d}x = \int_{-\frac{\pi}{4}}^{\frac{\pi}{4}} x^6\sin 3x\,\mathrm{d}x + \int_{-\frac{\pi}{4}}^{\frac{\pi}{4}} \cos x\,\mathrm{d}x$$

$$= 2\int_{0}^{\frac{\pi}{4}} \cos x\,\mathrm{d}x = 2\sin x \big|_{0}^{\frac{\pi}{4}}$$

$$= \sqrt{2}.$$

知识延伸

牛顿和莱布尼茨彼此独立创立的微积分，无疑是数学的一次伟大进程. 但是，微积分创立之初，没有严密的理论作为基础，存在许多的漏洞. 特别是在无穷小的问题上，牛顿十分含糊，牛顿的无穷小，有时候是零，有时候是有限小量，这产生了著名的"贝克莱悖论"."贝克莱悖论"的出现危及微积分的基础，由此产生了数学史上的第二次数学危机.

同步练习 4.11

1. 基础练习

(1)计算下列定积分.

① $\int_{0}^{\pi} \cos \dfrac{x}{2}\mathrm{d}x$；　　　　② $\int_{1}^{e^4} \dfrac{\ln x}{x}\mathrm{d}x$；　　　　③ $\int_{0}^{1} x^2 e^{x^3}\mathrm{d}x$；

④ $\int_{0}^{4} \cos(\sqrt{x}-1)\mathrm{d}x$；　　⑤ $\int_{0}^{8} \sqrt{3x+1}\,\mathrm{d}x$；　　⑥ $\int_{1}^{4} \dfrac{1}{x+\sqrt{x}}\mathrm{d}x$.

(2)计算下列定积分.

① $\int_{-\pi}^{\pi} (6x^4+x)\sin x\,\mathrm{d}x$；② $\int_{-1}^{1} \dfrac{x^3\sin^8 x + 4}{1+x^2}\mathrm{d}x$.

2. 进阶练习

计算下列定积分.

① $\int_{0}^{3} \dfrac{1}{\sqrt{1+x}+1}\mathrm{d}x$；　　② $\int_{0}^{\pi} \dfrac{8\sin x}{1+\cos^2 x}\mathrm{d}x$；　　③ $\int_{0}^{e^2} \dfrac{(\ln x)^5}{x}\mathrm{d}x$；

④ $\int_{-1}^{1} \dfrac{2+\sin x}{\sqrt{4-x^2}} dx$;　　⑤ $\int_{0}^{\frac{\pi}{2}} \sqrt{1-\sin x} \, dx$.

3. 致思空间

正弦交流电的电流与时间的函数关系是 $i(t)=I_m \sin wt$，请通过实训求得电流峰值 I_m、周期 T 与系数 w，并计算其在 $[0,T]$ 内的有效值 I.

4.12　分部积分法的应用

案例 4-5　如何求得定积分 $\int_{0}^{\frac{\pi}{2}} x \sin x \, dx$ 的结果呢？

微课
分部积分法的应用

分析：从案例中可以看出，被积函数为两类函数相乘，这种类型的积分在不定积分中也遇到过，我们采用的是分部积分法求结果．同样，对于此类定积分，也有类似不定积分的分部积分公式．

定理 3　设函数 $u(x)$ 和 $v(x)$ 在 $[a,b]$ 上有连续导数 $u'(x)$ 和 $v'(x)$，则

$$\int_{a}^{b} u(x) dv(x) = u(x)v(x) \Big|_{a}^{b} - \int_{a}^{b} v(x) du(x),$$

这就是定积分的分部积分公式．

对于案例 4-5，有

$$\int_{0}^{\frac{\pi}{2}} x \sin x \, dx = -\int_{0}^{\frac{\pi}{2}} x \, d\cos x = -\left(x \cos x \Big|_{0}^{\frac{\pi}{2}} - \int_{0}^{\frac{\pi}{2}} \cos x \, dx \right)$$

$$= -\left(0 - \sin x \Big|_{0}^{\frac{\pi}{2}}\right) = 1.$$

例 4-55　计算定积分 $\int_{1}^{e} x \ln x \, dx$.

解：$\int_{1}^{e} x \ln x \, dx = \dfrac{1}{2} \int_{1}^{e} \ln x \, dx^2 = \dfrac{1}{2}\left(x^2 \ln x \Big|_{1}^{e} - \int_{1}^{e} x^2 \, d\ln x \right)$

$$= \dfrac{1}{2}\left(e^2 - \int_{1}^{e} x \, dx \right) = \dfrac{1}{2}\left(e^2 - \dfrac{1}{2} x^2 \Big|_{1}^{e} \right) = \dfrac{1}{4}(e^2+1).$$

例 4-56　计算定积分 $\int_{0}^{1} \arctan x \, dx$.

解：$\int_{0}^{1} \arctan x \, dx = x \arctan x \Big|_{0}^{1} - \int_{0}^{1} x \, d\arctan x = \dfrac{\pi}{4} - \int_{0}^{1} \dfrac{x}{1+x^2} dx$

$$= \dfrac{\pi}{4} - \dfrac{1}{2} \int_{0}^{1} \dfrac{1}{1+x^2} d(1+x^2) = \dfrac{\pi}{4} - \dfrac{1}{2} \ln(1+x^2) \Big|_{0}^{1}$$

$$= \dfrac{\pi}{4} - \dfrac{1}{2} \ln 2.$$

例 4-57　计算定积分 $\int_{0}^{9} e^{\sqrt{x}} \, dx$.

解：令 $\sqrt{x}=t$，$x=t^2$，$dx=2t \, dt$，当 $x=0$ 时 $t=0$，当 $x=9$ 时 $t=3$，所以

$$\int_0^9 \mathrm{e}^{\sqrt{x}} \,\mathrm{d}x = 2\int_0^3 t\,\mathrm{e}^t \,\mathrm{d}t = 2\int_0^3 t\,\mathrm{d}\mathrm{e}^t = 2\left(t\,\mathrm{e}^t \Big|_0^3 - \int_0^3 \mathrm{e}^t \,\mathrm{d}t \right) = 2(3\mathrm{e}^3 - \mathrm{e}^t \Big|_0^3) = 4\mathrm{e}^3 + 2.$$

知识延伸

历史上许多学科的发展和延续，都是科学家前赴后继、努力研究的结果．正如微积分产生的第二次数学危机，19 世纪初，以柯西为首的法国科学院的科学家，对微积分理论进行了认真的研究，建立了极限理论，后来又经过魏尔斯特拉斯进一步严格化，使极限理论成为微积分的坚实基础，才使得微积分进一步发展，也顺利地解决了第二次数学危机．

同步练习 4.12

1. 基础练习

计算下列定积分．

① $\displaystyle\int_1^{\mathrm{e}} x^2 \ln x \,\mathrm{d}x$ ；

② $\displaystyle\int_0^{\frac{\pi}{2}} x \cos x \,\mathrm{d}x$ ；

③ $\displaystyle\int_0^1 x\,\mathrm{e}^x \,\mathrm{d}x$ ；

④ $\displaystyle\int_0^{\frac{\pi}{2}} x \cos 5x \,\mathrm{d}x$ ；

⑤ $\displaystyle\int_0^1 t\,\mathrm{e}^{-t} \,\mathrm{d}t$ ；

⑥ $\displaystyle\int_1^{\mathrm{e}^2} \ln x \,\mathrm{d}x$ ．

2. 进阶练习

计算下列定积分．

① $\displaystyle\int_0^{\frac{\sqrt{3}}{2}} \arcsin x \,\mathrm{d}x$ ；

② $\displaystyle\int_0^{\frac{\pi}{2}} \mathrm{e}^x \sin x \,\mathrm{d}x$ ；

③ $\displaystyle\int_1^4 \frac{\ln x}{\sqrt{x}} \,\mathrm{d}x$ ．

3. 致思空间

请思考或查阅资料，计算定积分 $\displaystyle\int_0^{\frac{\pi}{4}} 2x\,\sec^2 x \,\mathrm{d}x$ ．

4.13 定积分的应用

1. 平面图形的面积

(1)X 型平面图形面积．

设在 $[a,b]$ 上有 $f(x) \geqslant g(x)$ ，则由 $y=f(x)$ ，$y=g(x)$ 与直线 $x=a$ ，直线 $x=b$ 所围成的平面图形称为 **X 型图形**（见图 4-8），其面积公式为

$$S = \int_a^b f(x)\,\mathrm{d}x - \int_a^b g(x)\,\mathrm{d}x = \int_a^b [f(x) - g(x)]\,\mathrm{d}x.$$

(2)Y 型平面图形面积．

同样，由曲线 $x=\varphi(y)$ ，$x=\psi(y)(\psi(y) \leqslant \varphi(y))$ 和直线 $y=c$ ，$y=d(c<d)$ 所围成

的平面图形称为 Y 型图形(见图 4-9),其面积为

$$S = \int_c^d \varphi(y)\mathrm{d}y - \int_c^d \psi(y)\mathrm{d}y = \int_c^d \left[\varphi(y) - \psi(y)\right]\mathrm{d}y$$

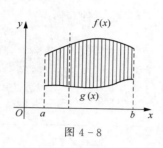

图 4-8

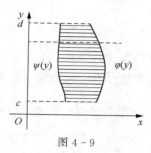

图 4-9

例 4-58 求由 $y=x$ 和 $y=x^2$ 所围成平面图形的面积.

解:解方程组 $\begin{cases} y=x \\ y=x^2 \end{cases}$ 得交点 $(0,0)$ 和 $(1,1)$,由公式可得

$$S = \int_0^1 (x - x^2)\mathrm{d}x = \left(\frac{1}{2}x^2 - \frac{1}{3}x^3\right)\Big|_0^1 = \frac{1}{6}.$$

例 4-59 求由 $y=x$, $y=2x$ 与直线 $y=2$ 所围成平面图形的面积.

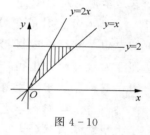

图 4-10

解:画出题设中 3 条线(见图 4-10),可以看到其所表示的图形为三角形,容易求得三角形的 3 个顶点分别为 $(0,0)$,$(1,2)$,$(2,2)$.容易看出此图形为 Y 型,确定积分变量为 y,积分区间为 $[0,2]$.由公式得

$$S = \int_0^2 \left(y - \frac{y}{2}\right)\mathrm{d}y = \int_0^2 \frac{y}{2}\mathrm{d}y = \frac{1}{4}y^2\Big|_0^2 = 1.$$

2. 由边际函数求总量问题

最优问题是企业生产和销售时考虑最多的问题.比如利润最大、成本最低、销售最多等.

例 4-60 某产品生产 q 件产品时的边际成本函数为 $C'(q) = 4q - 30$(元/件),固定成本为 5000 元,求:

(1)总成本函数;

(2)生产 100 件之后,再生产 100 件总成本的增加量.

解:(1)总成本函数为

$$C(q) = \int C'(q)\mathrm{d}q = \int (4q - 30)\mathrm{d}q = 2q^2 - 30q + C.$$

由题意知固定成本为 5000,则 $C=5000$,所以

$$C(q) = 2q^2 - 30q + 5000.$$

(2)生产 100 件之后,再生产 100 件的总成本增量为

$$\Delta C = \int_{100}^{200} C'(q)\,dq = \int_{100}^{200}(4q-30)\,dq = (2q^2-30q)\Big|_{100}^{200} = 57\,000(元).$$

例4-61 某商品一年的销售速度为

$$v(t) = 200 + 100\sin\left(2\pi t - \frac{\pi}{2}\right)(单位：件/月)$$

求此产品第二季度的销售总量.

解： 由题可得第二季度的销售总量为

$$P = \int_4^6 \left[200 + 100\sin\left(2\pi t - \frac{\pi}{2}\right)\right]dt = \left[200t - \frac{100}{2\pi}\cos\left(2\pi t - \frac{\pi}{2}\right)\right]_4^6 = 400(件).$$

知识延伸

李善兰(1811—1882年)，原名心兰，字壬叔，号秋纫，浙江海宁人，我国清代数学家、天文学家、翻译家、教育家，创立了二次项平方根的幂级数展开式，研究了各种三角函数、反三角函数和对数函数的幂级数展开式（现称"自然数幂求和公式"），这是李善兰乃至19世纪中国数学界最重大的成就.

1840年鸦片战争爆发，帝国主义列强入侵中国的现实激发了李善兰科学救国的思想，陆续撰成《四元解》《弧矢启秘》《方圆阐幽》《对数探源》等；与英国汉学家伟烈亚力合译欧几里得《几何原本》后9卷，完成明末徐光启未竟之业；又与伟烈亚力、艾约瑟、韦廉臣等合译《代数学》《代微积拾级》（即《微积分》）、《圆锥曲线说》等多种数学及自然科学著作. 这些著作对中国数学界有很大的影响. 李善兰直接引进了大量数学符号（＝、×、÷、＜、＞等）. 而且他的翻译工作具有独创性，创译了许多数学名词，如代数、常数、变数、已知数、函数、系数、指数、级数、单项式、多项式、微分、横轴、纵轴、切线、法线、曲线、渐进线、相似等. 这些数学名词独具匠心，自然贴切，不仅在中国流传，而且其中许多译名随同他的译著被引入日本，沿用至今.

同步练习 4.13

1. 基础练习

(1)求由 $y=x^2$，$y=2-x^2$ 所围成平面图形的面积.

(2)求由 $y=x^3$，$y=1$，$x=0$ 所围成平面图形的面积.

(3)求由 $xy=1$，$y=x$，$y=2$ 所围成平面图形的面积.

(4)求由 $y=\ln x$，$y=\ln a$，$y=\ln b(b>a>0)$，y 轴所围平面图形的面积.

(5)求由 $y=2-x^2$，$y=2x+2$ 所围成平面图形的面积.

2. 进阶练习

(1)求由抛物线 $y^2=x$ 与 $y=x^2$ 所围成平面图形的面积.

(2)求由抛物线 $y^2 = 3x$ 与直线 $y = x - 4$ 所围成平面图形的面积.

(3)求由抛物线 $y = \dfrac{x^2}{2}$，$y = \dfrac{1}{1+x^2}$，$x = -\sqrt{3}$，$x = \sqrt{3}$ 所围成平面图形的面积.

3. 致思空间

已知生产某产品的边际成本和边际收入分别为

$$C'(x) = 3 + \frac{1}{3}x \,（万元/百台），$$

$$R'(x) = 8 - \frac{1}{2}x \,（万元/百台），$$

求总成本函数 $C(x)$ 和总收入函数 $R(x)$，并解答产量为多少时，总利润最大？

模块小结

一、基本内容

1. 不定积分的概念，定积分的概念，不定积分与定积分的关系.

2. 不定积分的计算方法.

3. 定积分的计算方法，利用牛顿–莱布尼茨求定积分的方法.

4. 定积分的几何意义，微积分基本公式，定积分的性质.

5. 第一类换元积分法的基本思想.

二、学习重点

1. 不定积分的计算方法.

2. 定积分的计算方法.

3. 牛顿–莱布尼茨公式.

4. 微积分基本公式.

三、学习难点

1. 第一类换元积分法.

2. 分部积分法.

3. 定积分的概念.

习题四

一、选择题

1. 设函数 $f(x)$ 在 $[a,b]$ 上可积，则下列各式中不正确的是（　　　）.

A. $\displaystyle\int_a^b f(x)\,\mathrm{d}x = \int_a^b f(t)\,\mathrm{d}t$ 　　　　　　B. $\displaystyle\int_a^a f(x)\,\mathrm{d}x = 0$

C. $\left[\displaystyle\int_a^b f(x)\,\mathrm{d}x\right]' = 0$ 　　　　　　D. $\displaystyle\int_a^b f(x)\,\mathrm{d}x = \int_a^c f(x)\,\mathrm{d}x + \int_b^c f(x)\,\mathrm{d}x$

2. 设 $f(x)=\begin{cases} x, & x\leqslant 0 \\ x^2, & x>0 \end{cases}$，则 $\int_{-2}^2 f(x)\mathrm{d}x=($　　).

A. $2\int_0^2 x^2\mathrm{d}x$ B. $2\int_0^2 x\mathrm{d}x$ C. 0 D. $\int_{-2}^0 x^2\mathrm{d}x+\int_0^2 x\mathrm{d}x$

3. 下列积分值为零的是(　　).

A. $\int_{-1}^1 x^4\mathrm{d}x$ B. $\int_{-1}^1 x^5\mathrm{d}x$ C. $\int_{-2\pi}^{2\pi}\cos x\,\mathrm{d}x$ D. $\int_{-2}^2 \dfrac{9x^2}{1+x^2}\mathrm{d}x$

4. 定积分 $\int_0^1 \sqrt{1-x^2}\,\mathrm{d}x$ 等于(　　).

A. 0 B. $\dfrac{\pi}{2}$ C. π D. $\dfrac{\pi}{4}$

5. 已知 $f(0)=1$，$f(2)=3$，$f'(2)=5$，则 $\int_0^2 xf''(x)\mathrm{d}x=($　　).

A. 12 B. 4 C. 8 D. 10

二、计算题

1. 求下列不定积分.

(1) $\int \mathrm{e}^{3x+2}\mathrm{d}x$；
(2) $\int \sin(2x+1)\mathrm{d}x$；
(3) $\int x\,(x^2+1)^5\mathrm{d}x$；

(4) $\int \dfrac{1}{(2x-9)^2}\mathrm{d}x$；
(5) $\int \sqrt[4]{(2-x)^3}\,\mathrm{d}x$；
(6) $\int \cos x\,\mathrm{e}^{\sin x}\mathrm{d}x$；

(7) $\int \dfrac{\cos\dfrac{1}{x}}{x^2}\mathrm{d}x$；
(8) $\int \dfrac{\mathrm{e}^x}{\sqrt{1-\mathrm{e}^{2x}}}\mathrm{d}x$；
(9) $\int \sec^4 x\,\mathrm{d}x$；

(10) $\int \dfrac{x}{\sqrt{1+x^2}}\cos\sqrt{1+x^2}\,\mathrm{d}x$.

2. 求下列不定积分.

(1) $\int \dfrac{1}{x^2+x-12}\mathrm{d}x$；
(2) $\int \dfrac{x^2}{x+3}\mathrm{d}x$；
(3) $\int 2\cos^3 x\,\mathrm{d}x$；

(4) $\int \dfrac{x^4}{1+x^2}\mathrm{d}x$；
(5) $\int \dfrac{2x^2+1}{x^2(1+x^2)}\mathrm{d}x$；
(6) $\int \sin^4 x\,\mathrm{d}x$；

(7) $\int \cos 3x\cos x\,\mathrm{d}x$；
(8) $\int \sin^4 x\,\mathrm{d}x$.

3. 求下列不定积分.

(1) $\int \sqrt[3]{x+2}\,\mathrm{d}x$；
(2) $\int \dfrac{4x}{\sqrt{x+1}}\mathrm{d}x$；
(3) $\int \dfrac{1}{\sqrt{x}+\sqrt[6]{x^5}}\mathrm{d}x$；

(4) $\int \dfrac{x^2}{\sqrt{1-x^2}}\mathrm{d}x$；
(5) $\int \dfrac{1}{1+\sqrt[3]{1+x}}\mathrm{d}x$.

4. 求下列不定积分.

(1) $\int x\,\mathrm{e}^{5x}\mathrm{d}x$；
(2) $\int \dfrac{x^2}{\mathrm{e}^x}\mathrm{d}x$；
(3) $\int \ln(x^2+1)\mathrm{d}x$；

(4) $\int x^3 \ln^2 x \, dx$;　　　　(5) $\int \arctan x \, dx$;　　　　(6) $\int e^{3\sqrt{x}} \, dx$.

5. 计算下列定积分 .

(1) $\int_0^1 x^3 \, dx$;　　　　(2) $\int_{-2}^{-1} \dfrac{1}{x} \, dx$;　　　　(3) $\int_0^{\frac{\pi}{3}} \dfrac{\sin 2x}{\cos x} \, dx$;

(4) $\int_0^\pi \sin^2 \dfrac{x}{2} \, dx$;　　　　(5) $\int_{-1}^0 \dfrac{1}{\sqrt{1-x}} \, dx$;　　　　(6) $\int_1^e \dfrac{\ln^2 x}{x} \, dx$;

(7) $\int_1^2 \dfrac{e^{\frac{1}{x}}}{x^2} \, dx$;　　　　(8) $\int_1^4 \dfrac{\sin \sqrt{x}}{\sqrt{x}} \, dx$;　　　　(9) $\int_0^1 \dfrac{x}{1+x^4} \, dx$;

(10) $\int_3^4 x \sqrt{x-3} \, dx$;　　　　(11) $\int_1^8 \dfrac{1}{\sqrt[3]{x}+x} \, dx$;　　　　(12) $\int_{-1}^1 (x^7 + x^3) \, dx$;

(13) $\int_{-\frac{\pi}{2}}^{\frac{\pi}{2}} \sin x \cos x \, dx$;　　　　(14) $\int_1^e x \ln x \, dx$;　　　　(15) $\int_0^{\frac{\pi}{2}} x \sin x \, dx$;

(16) $\int_0^{\frac{\pi}{2}} x \arctan x \, dx$;　　　　(17) $\int_1^e x^5 \ln x \, dx$;　　　　(18) $\int_0^1 \arcsin x \, dx$.

6. 求下列曲线和直线所围成的平面图形的面积 .

(1) 曲线 $y = x^2$ 与直线 $y = 2x$ 围成的图形 .

(2) 曲线 $y = x^2$ 和直线 $y = 3x - 2$ 围成的图形 .

(3) 曲线 $xy = 1$ 和直线 $y = x$, $y = 2x$ 围成的图形 .

7. 已知某工厂生产 $x\,\text{kg}$ 某产品的边际成本为 $C'(x) = 6 + \dfrac{30}{\sqrt{x}}$（元/千克），且固定成本为 $C_0 = 1000$ 元，求总成本函数 $C(x)$.

8. 一曲线经过点 $(e^2, 2)$ ，且其上任意一点处的切线斜率为 $\dfrac{1}{x}$ ，求该曲线的方程 .

附录一 三角函数常用公式

1. 同角公式
(1)商的关系：

① $\tan\theta = \dfrac{y}{x} = \dfrac{\sin\theta}{\cos\theta} = \sin\theta \cdot \sec\theta$ ；   ② $\cot\theta = \dfrac{x}{y} = \dfrac{\cos\theta}{\sin\theta} = \cos\theta \cdot \csc\theta$ ；

③ $\sin\theta = \dfrac{y}{r} = \cos\theta \cdot \tan\theta$ ；   ④ $\sec\theta = \dfrac{r}{x} = \dfrac{1}{\cos\theta} = \tan\theta \cdot \csc\theta$ ；

⑤ $\cos\theta = \dfrac{x}{r} = \sin\theta \cdot \cot\theta$ ；   ⑥ $\csc\theta = \dfrac{r}{y} = \dfrac{1}{\sin\theta} = \cot\theta \cdot \sec\theta$.

(2)倒数关系： $\sin\theta \cdot \csc\theta = \cos\theta \cdot \sec\theta = \tan\theta \cdot \cot\theta = 1$.

(3)平方关系： $\sin^2\theta + \cos^2\theta = 1$ ； $\tan^2\theta + 1 = \sec^2\theta$ ； $\cot^2\theta + 1 = \csc^2\theta$.

2. 和差角公式
① $\sin(\alpha \pm \beta) = \sin\alpha\cos\beta \pm \cos\alpha\sin\beta$ ；   ② $\cos(\alpha \pm \beta) = \cos\alpha\cos\beta \mp \sin\alpha\sin\beta$ ；

③ $\tan(\alpha \pm \beta) = \dfrac{\tan\alpha \pm \tan\beta}{1 \mp \tan\alpha\tan\beta}$.

3. 二倍角公式
① $\sin 2\theta = 2\sin\theta\cos\theta$ ；   ② $\cos 2\theta = \cos^2\theta - \sin^2\theta = 2\cos^2\theta - 1 = 1 - 2\sin^2\theta$ ；

③ $\tan 2\theta = \dfrac{2\tan\theta}{1 - \tan^2\theta}$ ；   ④ $\sin^2\theta = \dfrac{1 - \cos 2\theta}{2}$ ；   ⑤ $\cos^2\theta = \dfrac{1 + \cos 2\theta}{2}$.

4. 积化和差公式
① $\sin\alpha\cos\beta = \dfrac{1}{2}[\sin(\alpha + \beta) + \sin(\alpha - \beta)]$ ；

② $\cos\alpha\cos\beta = \dfrac{1}{2}[\cos(\alpha + \beta) + \cos(\alpha - \beta)]$ ；

③ $\sin\alpha\sin\beta = -\dfrac{1}{2}[\cos(\alpha + \beta) - \cos(\alpha - \beta)]$ ；

④ $\cos\alpha\sin\beta = \dfrac{1}{2}[\sin(\alpha + \beta) - \sin(\alpha - \beta)]$.

5. 和差化积公式
① $\sin\alpha + \sin\beta = 2\sin\dfrac{\alpha + \beta}{2}\cos\dfrac{\alpha - \beta}{2}$ ；

② $\sin\alpha - \sin\beta = 2\cos\dfrac{\alpha + \beta}{2}\sin\dfrac{\alpha - \beta}{2}$ ；

③ $\cos\alpha + \cos\beta = 2\cos\dfrac{\alpha + \beta}{2}\cos\dfrac{\alpha - \beta}{2}$ ；

④ $\cos\alpha - \cos\beta = -2\sin\dfrac{\alpha + \beta}{2}\sin\dfrac{\alpha - \beta}{2}$.

附录二　常用积分

一、含有 $a+bx$ 的积分

1. $\displaystyle\int \frac{\mathrm{d}x}{a+bx} = \frac{1}{b}\ln|a+bx| + C.$

2. $\displaystyle\int (a+bx)^\mu \mathrm{d}x = \frac{(a+bx)^{\mu+1}}{b(\mu+1)} + C(\mu \neq -1).$

3. $\displaystyle\int \frac{x\,\mathrm{d}x}{a+bx} = \frac{1}{b^2}[bx - a\ln|a+bx|] + C.$

4. $\displaystyle\int \frac{x^2\,\mathrm{d}x}{a+bx} = \frac{1}{b^3}\left[\frac{1}{2}(a+bx)^2 - 2a(a+bx) + a^2\ln|a+bx|\right] + C.$

5. $\displaystyle\int \frac{\mathrm{d}x}{x(a+bx)} = -\frac{1}{a}\left|\ln\frac{a+bx}{x}\right| + C.$

6. $\displaystyle\int \frac{x\,\mathrm{d}x}{(a+bx)^2} = \frac{1}{b^2}\left[\ln|a+bx| + \frac{a}{a+bx}\right] + C.$

二、含有 $\sqrt{a+bx}$ 的积分

7. $\displaystyle\int \sqrt{a+bx}\,\mathrm{d}x = \frac{2}{3b}\sqrt{(a+bx)^3} + C.$

8. $\displaystyle\int x\sqrt{a+bx}\,\mathrm{d}x = -\frac{2(2a-3bx)\sqrt{(a+bx)^3}}{15b^2} + C.$

9. $\displaystyle\int x^2\sqrt{a+bx}\,\mathrm{d}x = \frac{2(8a^2 - 12abx + 15b^2x^2)\sqrt{(a+bx)^3}}{105b^3} + C.$

10. $\displaystyle\int \frac{x\,\mathrm{d}x}{\sqrt{a+bx}} = -\frac{2(2a-bx)}{3b^2}\sqrt{a+bx} + C.$

11. $\displaystyle\int \frac{x^2\,\mathrm{d}x}{\sqrt{a+bx}} = \frac{2(8a^2 - 4abx + 3b^2x^2)}{15b^3}\sqrt{a+bx} + C.$

12. $\displaystyle\int \frac{\mathrm{d}x}{x^2\sqrt{a+bx}} = -\frac{\sqrt{a+bx}}{ax} - \frac{b}{2a}\int \frac{\mathrm{d}x}{x\sqrt{a+bx}}.$

13. $\displaystyle\int \frac{\sqrt{a+bx}\,\mathrm{d}x}{x} = 2\sqrt{a+bx} + \ln\left|\frac{\sqrt{a+bx}-a}{\sqrt{a+bx}+a}\right| + C.$

三、含有 $a^2 \pm x^2$ 的积分

14. $\displaystyle\int \frac{\mathrm{d}x}{a^2+x^2} = \frac{1}{a}\arctan\frac{x}{a} + C.$

15. $\displaystyle\int \frac{\mathrm{d}x}{a^2-x^2} = \frac{1}{2a}\ln\frac{a+x}{a-x} + C(|x| < a).$

16. $\displaystyle\int \frac{\mathrm{d}x}{x^2-a^2} = \frac{1}{2a}\ln\frac{x-a}{x+a} + C(|x| > a).$

四、含有 $a \pm bx^2$ 的积分

17. $\int \dfrac{\mathrm{d}x}{a+bx^2} = \dfrac{1}{\sqrt{ab}}\arctan\sqrt{\dfrac{b}{a}}x + C(a>0,\ b>0).$

18. $\int \dfrac{\mathrm{d}x}{a-bx^2} = \dfrac{1}{2\sqrt{ab}}\ln\dfrac{\sqrt{a}+\sqrt{b}x}{\sqrt{a}-\sqrt{b}x} + C.$

19. $\int \dfrac{x\,\mathrm{d}x}{a+bx^2} = \dfrac{1}{2b}\ln(a+bx^2) + C.$

20. $\int \dfrac{x^2\,\mathrm{d}x}{a+bx^2} = \dfrac{x}{b} - \dfrac{a}{b}\int \dfrac{\mathrm{d}x}{a+bx^2}.$

21. $\int \dfrac{\mathrm{d}x}{x^2(a+bx^2)} = -\dfrac{1}{ax} - \dfrac{b}{a}\int \dfrac{\mathrm{d}x}{a+bx^2}.$

五、含有 $\sqrt{x^2+a^2}$ 的积分

22. $\int \sqrt{x^2+a^2}\,\mathrm{d}x = \dfrac{x}{2}\sqrt{x^2+a^2} + \dfrac{a^2}{2}\ln(x+\sqrt{x^2+a^2}) + C.$

23. $\int \dfrac{\mathrm{d}x}{\sqrt{x^2+a^2}} = \ln(x+\sqrt{x^2+a^2}) + C.$

24. $\int \dfrac{x\,\mathrm{d}x}{\sqrt{x^2+a^2}} = \sqrt{x^2+a^2} + C.$

25. $\int \dfrac{x^2\,\mathrm{d}x}{\sqrt{x^2+a^2}} = \dfrac{x}{a}\sqrt{x^2+a^2} - \dfrac{a^2}{2}\ln(x+\sqrt{x^2+a^2}) + C.$

26. $\int \dfrac{\mathrm{d}x}{x^2\sqrt{x^2+a^2}} = -\dfrac{\sqrt{x^2+a^2}}{a^2 x} + C.$

27. $\int \dfrac{\sqrt{x^2+a^2}}{x}\mathrm{d}x = \sqrt{x^2+a^2} - a\ln\dfrac{a+\sqrt{x^2+a^2}}{x} + C.$

28. $\int \dfrac{\sqrt{x^2+a^2}}{x^2}\mathrm{d}x = -\dfrac{\sqrt{x^2+a^2}}{x} + \ln(x+\sqrt{x^2+a^2}) + C.$

六、含有 $\sqrt{x^2-a^2}$ 的积分

29. $\int \dfrac{\mathrm{d}x}{\sqrt{x^2-a^2}} = \ln(x+\sqrt{x^2-a^2}) + C.$

30. $\int \dfrac{x\,\mathrm{d}x}{\sqrt{x^2-a^2}} = \sqrt{x^2-a^2} + C.$

31. $\int \sqrt{x^2-a^2}\,\mathrm{d}x = \dfrac{x}{2}\sqrt{x^2-a^2} - \dfrac{a^2}{2}\ln(x+\sqrt{x^2-a^2}) + C.$

32. $\int x\sqrt{x^2-a^2}\,\mathrm{d}x = \dfrac{\sqrt{(x^2-a^2)^3}}{3} + C.$

33. $\int x\sqrt{(x^2-a^2)^3}\,\mathrm{d}x = \dfrac{\sqrt{(x^2-a^2)^5}}{5} + C.$

34. $\int x^2 \sqrt{x^2 - a^2}\, dx = \dfrac{x}{8}(2x^2 - a^2)\sqrt{x^2 - a^2} - \dfrac{a^4}{8}\ln(x + \sqrt{x^2 - a^2}) + C.$

35. $\int \dfrac{x^2\, dx}{\sqrt{x^2 - a^2}} = \dfrac{x}{2}\sqrt{x^2 - a^2} + \dfrac{a^2}{2}\ln(x + \sqrt{x^2 - a^2}) + C.$

36. $\int \dfrac{dx}{x\sqrt{x^2 - a^2}} = \dfrac{1}{a}\arccos\dfrac{a}{x} + C.$

37. $\int \dfrac{dx}{x^2\sqrt{x^2 - a^2}} = \dfrac{\sqrt{x^2 - a^2}}{a^2 x} + C.$

38. $\int \dfrac{\sqrt{x^2 - a^2}\, dx}{x} = \sqrt{x^2 - a^2} - a\arccos\dfrac{a}{x} + C.$

39. $\int \dfrac{\sqrt{x^2 - a^2}\, dx}{x^2} = -\dfrac{\sqrt{x^2 - a^2}}{x} + \ln(x + \sqrt{x^2 - a^2}) + C.$

七、含有 $\sqrt{a^2 - x^2}$ 的积分

40. $\int \dfrac{dx}{\sqrt{a^2 - x^2}} = \arcsin\dfrac{x}{a} + C.$

41. $\int \dfrac{x\, dx}{\sqrt{a^2 - x^2}} = -\sqrt{a^2 - x^2} + C.$

42. $\int \dfrac{x^2\, dx}{\sqrt{a^2 - x^2}} = -\dfrac{x}{2}\sqrt{a^2 - x^2} + \dfrac{a^2}{2}\arcsin\dfrac{x}{a} + C.$

43. $\int \sqrt{a^2 - x^2}\, dx = \dfrac{x}{2}\sqrt{a^2 - x^2} + \dfrac{a^2}{2}\arcsin\dfrac{x}{a} + C.$

44. $\int x\sqrt{a^2 - x^2}\, dx = -\dfrac{\sqrt{(a^2 - x^2)^3}}{3} + C.$

45. $\int x\sqrt{(a^2 - x^2)^3}\, dx = -\dfrac{\sqrt{(a^2 - x^2)^5}}{5} + C.$

46. $\int x^2\sqrt{a^2 - x^2}\, dx = \dfrac{x}{8}(2x^2 - a^2)\sqrt{a^2 - x^2} + \dfrac{a^4}{8}\arcsin\dfrac{x}{a} + C.$

47. $\int \dfrac{x^2\, dx}{\sqrt{(a^2 - x^2)^3}} = \dfrac{x}{\sqrt{a^2 - x^2}} - \arcsin\dfrac{x}{a} + C.$

48. $\int \dfrac{dx}{x\sqrt{a^2 - x^2}} = \dfrac{1}{a}\ln\dfrac{x}{a + \sqrt{a^2 - x^2}} + C.$

49. $\int \dfrac{dx}{x^2\sqrt{a^2 - x^2}} = -\dfrac{\sqrt{a^2 - x^2}}{a^2 x} + C.$

50. $\int \dfrac{\sqrt{a^2 - x^2}\, dx}{x} = \sqrt{a^2 - x^2} - a\ln\dfrac{a + \sqrt{a^2 - x^2}}{x} + C.$

51. $\int \dfrac{\sqrt{a^2 - x^2}\, dx}{x^2} = -\dfrac{\sqrt{a^2 - x^2}}{x} - \arcsin\dfrac{x}{a} + C.$

八、含有三角函数的积分

52. $\displaystyle\int \sin x\,\mathrm{d}x = -\cos x + C.$

53. $\displaystyle\int \cos x\,\mathrm{d}x = \sin x + C.$

54. $\displaystyle\int \tan x\,\mathrm{d}x = -\ln\cos x + C.$

55. $\displaystyle\int \cot x\,\mathrm{d}x = \ln\sin x + C.$

56. $\displaystyle\int \sec x\,\mathrm{d}x = \ln(\sec x + \tan x) + C = \ln\tan\left(\dfrac{\pi}{4} + \dfrac{x}{2}\right) + C.$

57. $\displaystyle\int \csc x\,\mathrm{d}x = \ln(\csc x - \cot x) + C = \ln\tan\dfrac{x}{2} + C.$

58. $\displaystyle\int \sec^2 x\,\mathrm{d}x = \tan x + C.$

59. $\displaystyle\int \csc^2 x\,\mathrm{d}x = -\cot x + C.$

60. $\displaystyle\int \sec x\tan x\,\mathrm{d}x = \sec x + C.$

61. $\displaystyle\int \csc x\cot x\,\mathrm{d}x = -\csc x + C.$

62. $\displaystyle\int \sin^2 x\,\mathrm{d}x = \dfrac{x}{2} - \dfrac{1}{4}\sin 2x + C.$

63. $\displaystyle\int \cos^2 x\,\mathrm{d}x = \dfrac{x}{2} + \dfrac{1}{4}\sin 2x + C.$

64. $\displaystyle\int \sin mx\cos nx\,\mathrm{d}x = -\dfrac{\cos(m+n)x}{2(m+n)} - \dfrac{\cos(m-n)x}{2(m-n)} + C\,(m \neq n).$

65. $\displaystyle\int \sin mx\sin nx\,\mathrm{d}x = -\dfrac{\sin(m+n)x}{2(m+n)} + \dfrac{\sin(m-n)x}{2(m-n)} + C\,(m \neq n).$

66. $\displaystyle\int \cos mx\cos nx\,\mathrm{d}x = \dfrac{\sin(m+n)x}{2(m+n)} + \dfrac{\sin(m-n)x}{2(m-n)} + C\,(m \neq n).$

67. $\displaystyle\int x\sin ax\,\mathrm{d}x = \dfrac{1}{a^2}\sin ax - \dfrac{1}{a}x\cos ax + C.$

68. $\displaystyle\int x^2\sin ax\,\mathrm{d}x = -\dfrac{1}{a}x^2\cos ax + \dfrac{2}{a^2}x\sin ax + \dfrac{2}{a^3}\cos ax + C.$

69. $\displaystyle\int x\cos ax\,\mathrm{d}x = \dfrac{1}{a^2}\cos ax + \dfrac{1}{a}x\sin ax + C.$

70. $\displaystyle\int x^2\cos ax\,\mathrm{d}x = \dfrac{1}{a}x^2\sin ax + \dfrac{2}{a^2}x\cos ax - \dfrac{2}{a^3}\sin ax + C.$

九、含有指数函数的积分

71. $\displaystyle\int a^x\,\mathrm{d}x = \dfrac{a^x}{\ln a} + C.$

72. $\int e^{ax} \, dx = \dfrac{e^{ax}}{a} + C.$

73. $\int e^{ax} \sin bx \, dx = \dfrac{e^{ax}(a\sin bx - b\cos bx)}{a^2 + b^2} + C.$

74. $\int e^{ax} \cos bx \, dx = \dfrac{e^{ax}(b\sin bx + a\cos bx)}{a^2 + b^2} + C.$

75. $\int x \, e^{ax} \, dx = \dfrac{e^{ax}}{a^2}(ax - 1) + C.$

76. $\int x^n e^{ax} \, dx = \dfrac{x^n e^{ax}}{a} - \dfrac{n}{a}\int x^{n-1} e^{ax} \, dx.$

77. $\int x a^{mx} \, dx = \dfrac{x a^{mx}}{m\ln a} - \dfrac{a^{mx}}{(m\ln a)^2} + C.$

78. $\int x^n a^{mx} \, dx = \dfrac{a^{mx} x^n}{m\ln a} - \dfrac{n}{m\ln a}\int x^{n-1} a^{mx} \, dx.$

79. $\int e^{ax} \sin^n bx \, dx = \dfrac{e^{ax} \sin^{n-1} bx}{a^2 + b^2 n^2}(a\sin bx - nb\cos bx) + \dfrac{n(n-1)}{a^2 + b^2 n^2} b^2 \int e^{ax} \sin^{n-2} bx \, dx.$

80. $\int e^{ax} \cos^n bx \, dx = \dfrac{e^{ax} \cos^{n-1} bx}{a^2 + b^2 n^2}(a\cos bx + nb\sin bx) + \dfrac{n(n-1)}{a^2 + b^2 n^2} b^2 \int e^{ax} \cos^{n-2} bx \, dx.$

十、含有对数函数的积分

81. $\int \ln x \, dx = x\ln x - x + C.$

82. $\int \dfrac{dx}{x\ln x} = \ln(\ln x) + C.$

83. $\int x^n \ln x \, dx = x^{n+1}\left[\dfrac{\ln x}{n+1} - \dfrac{1}{(n+1)^2}\right] + C.$

84. $\int \ln^n x \, dx = x \, \ln^n x - n\int \ln^{n-1} x \, dx.$

85. $\int x^m \ln^n x \, dx = \dfrac{x^{m+1}}{m+1}\ln^n x - \dfrac{n}{m+1}\int x^m \ln^{n-1} x \, dx.$

十一、定积分

86. $\displaystyle\int_{-\pi}^{\pi} \cos nx \, dx = \int_{-\pi}^{\pi} \sin nx \, dx = 0$

87. $\displaystyle\int_{-\pi}^{\pi} \cos mx \sin nx \, dx = 0.$

88. $\displaystyle\int_{-\pi}^{\pi} \cos mx \cos nx \, dx = \begin{cases} 0, & m \neq n \\ \pi, & m = n \end{cases}.$

89. $\displaystyle\int_{-\pi}^{\pi} \sin mx \sin nx \, dx = \begin{cases} 0, & m \neq n \\ \pi, & m = n \end{cases}.$

90. $\displaystyle\int_{0}^{\pi} \sin mx \sin nx \, dx = \int_{0}^{\pi} \cos mx \cos nx \, dx = \begin{cases} 0, & m \neq n \\ \dfrac{\pi}{2}, & m = n \end{cases}.$

参考文献

[1]同济大学应用数学系. 高等数学(上、下册). 5 版. 北京：高等教育出版社，2002.

[2]侯风波. 应用数学(理工类)[M]. 北京：科学出版社，2007.

[3]邬弘毅，黄建国. 高等数学(工科类)[M]. 合肥：合肥工业大学出版社，2006.

[4]王春珊. 高等数学(经管类)[M]. 北京：电子工业出版社，2006.

[5]金宗谱. 高等数学(财经类)[M]. 北京：北京邮电大学出版社，2008.

[6]陈仲. 大学数学复习指导与试题解析[M]. 南京：南京大学出版社，1999.

[7]钱昌本. 高等数学解题过程的分析和研究[M]. 北京：科学出版社，1994.

[8]陈庆华. 高等数学[M]. 北京：高等教育出版社，1999.

[9]何春江. 经济数学[M]. 北京：中国水利水电出版社，2004.

[10]侯风波. 高等数学[M]. 北京：高等教育出版社，2000.

[11]顾静相. 经济数学基础[M]. 北京：高等教育出版社，2004.

[12]徐建豪，刘克宁. 经济应用数学[M]. 北京：高等教育出版社，2003.

[13]同济大学. 高等数学[M]. 北京：高等教育出版社，2001.

[14]张国楚，徐本顺，李祎. 大学文科数学[M]. 北京：高等教育出版社，2002.

[15]李铮，周放. 高等数学[M]. 北京：科学出版社，2001.

[16]同济大学应用数学系. 微积分[M]. 北京：高等教育出版社，2003.

[17]蒋兴国，吴延东. 高等数学[M]. 北京：机械工业出版社，2002.

[18]赵树嫄. 微积分[M]. 北京：中国人民大学出版社，2002.

[19]盛祥耀. 高等数学[M]. 北京：高等教育出版社，2002.

[20]何春江. 高等数学[M]. 北京：中国水利水电出版社，2004.